新課程対応版

高卒認定
ワークブック
数　学

編集：J-出版編集部　　制作：J-Web School

J-出版

もくじ

第4章　図形と計量

第5章　データの分析

『ワークブック』で学習をはじめるにあたって、繰り返し本書で問題演習ができるように、また途中式や計算過程などを書くことができるように、「数学」の専用ノートを用意するといいですよ。効率的に学習を進めるために、p. 5の「本書の特長と使い方」とp. 6の「学習のポイント」も確認してから学習をスタートしましょう！

高卒認定試験の概要

高等学校卒業程度認定試験とは？

　高等学校卒業程度認定試験（以下、「高卒認定試験」といいます）は、高等学校を卒業していないなどのために、大学や専門学校などの受験資格がない方に対して、高等学校卒業者と同等以上の学力があるかどうかを認定する試験です。合格者には大学・短大・専門学校などの受験資格が与えられるだけでなく、高等学校卒業者と同等以上の学力がある者として認定され、就職や転職、資格試験などに広く活用することができます。なお、受験資格があるのは、大学入学資格がなく、受験年度末の3月31日までに満16歳以上になる方です（現在、高等学校等に在籍している方も受験可能です）。

試験日

　高卒認定試験は、例年8月と11月の年2回実施されます。第1回試験は8月初旬に、第2回試験は11月初旬に行われています。この場合、受験案内の配布開始は、第1回試験については4月頃、第2回試験については7月頃となっています。

試験科目と合格要件

　高卒認定試験に合格するには、各教科の必修の科目に合格し、合格要件を満たす必要があります。合格に必要な科目数は、「理科」の科目選択のしかたによって8科目あるいは9科目となります。

教　科	試験科目	科目数	合格要件
国語	国語	1	必修
地理歴史	地理	1	必修
	歴史	1	必修
公民	公共	1	必修
数学	数学	1	必修
理科	科学と人間生活	2 または 3	以下の①、②のいずれかが必修 ①「科学と人間生活」の1科目および「基礎」を付した科目のうち1科目（合計2科目） ②「基礎」を付した科目のうち3科目（合計3科目）
	物理基礎		
	化学基礎		
	生物基礎		
	地学基礎		
外国語	英語	1	必修

※このページの内容は、令和5年度の受験案内を基に作成しています。最新の情報については、受験年度の受験案内または文部科学省のホームページを確認してください。

本書の特長と使い方

　本書は、高卒認定試験合格のために必要な学習内容をまとめた参考書兼問題集です。高卒認定試験の合格ラインは、いずれの試験科目も 40 点程度とされています。本書では、この合格ラインを突破するために、「重要事項」「基礎問題」「レベルアップ問題」というかたちで段階的な学習方式を採用し、効率的に学習内容を身に付けられるようにつくられています。以下の 3 つの項目の説明を読み、また次のページの「学習のポイント」にも目を通したうえで学習をはじめてください。

▌重要事項

　高卒認定試験の試験範囲および過去の試験の出題内容と出題傾向に基づいて、合格のために必要とされる学習内容を単元別に整理してまとめています。まずは、この「重要事項」で「例題」に取り組みながら基本的な内容を学習（確認・整理・理解・記憶）しましょう。その後は、「基礎問題」や「レベルアップ問題」で問題演習に取り組んだり、のちのちに過去問演習にチャレンジしたりしたあとの復習や疑問の解決に活用してください。

▌基礎問題

　「重要事項」の内容を理解あるいは暗記できているかどうかを確認するための問題です。この「基礎問題」で問われるのは、各単元の学習内容のなかでまず押さえておきたい基本的な内容ですので、できるだけ全問正解をめざしましょう。「基礎問題」の解答は、問題ページの下部に掲載しています。「基礎問題」のなかでわからない問題や間違えてしまった問題があれば、必ず「重要事項」に戻って確認するようにしてください。

▌レベルアップ問題

　「基礎問題」よりも難易度の高い、実戦力を養うための問題です。ここでは高卒認定試験で実際に出題された過去問、過去問を一部改題した問題、あるいは過去問の類似問題を出題しています。「レベルアップ問題」の解答・解説については、問題の最終ページの次のページから掲載しています。

表記について　〈高認 R. 1-2〉＝ 令和元年度第 2 回試験で出題

〈高認 H. 30-1 改〉＝ 平成 30 年度第 1 回試験で出題された問題を改題

学習のポイント

高卒認定試験の「数学」の出題内容

高卒認定試験における「数学」の出題内容はおおむね以下の内容が出題されています。

問1：整式・式の展開・因数分解・分母の有理化・集合・命題（→第1章・第2章）

問2：1次不等式（→第1章）

問3および問4：2次関数（→第3章）

問5：図形と計量（→第4章）

問6：データの分析（→第5章）

　　毎年大きな変更はなく、基本的な問題が出題されていますが、数学を苦手とする受験生は多く、高卒認定試験において最も合格率の低い科目となっています。ただ、「数学」は毎年同じような問題が出題されますので、基本をしっかり押さえて、段階的に学習を進めれば確実に点数をアップさせることができます。

数学学習における3つの要点

❶ 中学からの復習が必要であれば最初に基礎づくりをする

中学の学習内容の復習が必要な方は、まずは、数学の問題を解くうえで基本となる、分数の計算、平方根の計算、正負の計算、式の展開、因数分解など第1章の内容をしっかり理解し、「例題」「基礎問題」「レベルアップ問題」と段階的に問題演習を行いましょう。

❷ できるだけ多くの問題を繰り返し演習する

数学ができるようになるうえで最も大切なことは「多くの問題を繰り返し演習すること」です。本書に載っている問題だけでなく過去問なども含めて、一度解いたら終わりではなく、同じ問題でも何度も解いてください。

❸ 計算過程を面倒くさがらずにノートに書く

頭の中で計算するのではなくノートに書いて計算する癖をつけましょう。「例題」には解法の式が記してありますが、ノートに同じことを書いて覚えるようにしてください。多くの間違いは、式が正しいのに答えを間違っていることです。ノートに計算過程を書くことによって、自身が計算ミスした箇所が明らかになります。「例題」と「レベルアップ問題」についてはできるだけ詳しく計算過程を記載していますので、計算過程をしっかり確認してください。

第1章
数 と 式

1. 整式の計算

aやxといった文字は、小学校までの算数ではあまり用いられませんでしたが、数学では文字を使って数式を扱うようになります。第1章の第1節では、文字を使ってさまざまな数量を表す方法や文字を使った式の計算について学習し、文字式に慣れていきましょう。

Hop｜重要事項

文字式の表し方

1．文字を含んだ乗法（掛け算）は、掛け算の記号×をはぶきます。

　例▶ $a \times b = ab$

2．文字と数の積（掛け算の答え）は、数を文字の前に書きます。

　例▶ $5 \times x = 5x$　　　※ $1 \times x$ は、$1x$ ではなく x とします。

3．同じ文字の積は2乗や3乗など累乗（〜乗）の形で表します。

　例▶ $a \times a \times a = a^3$

4．文字を含んだ除法（割り算）は、÷ の記号を使わずに、分数の形で書きます。

　例▶ $a \div 3 = \dfrac{1}{3} a$ または $\dfrac{a}{3}$

例題1 文字式の表し方

次の式を、文字式の表し方にしたがって表しなさい。

(1) $x \times y$　　　　　　　(2) $a \times (-7)$　　　　　　　(3) $b \times b \times b \times b$

(4) $3x \div 8$　　　　　　　(5) $a \times b \times (-1)$　　　　(6) $x \times x \times y \times y$

解答と解説

(1) $x \times y = xy$　（×の記号をはぶきます）

(2) $a \times (-7) = -7a$　（数を文字の前に書き、×の記号をはぶきます）

(3) $b \times b \times b \times b = b^4$　（同じ文字の積は、〜乗の形で表します）

(4) $3x \div 8 = \dfrac{3}{8} x$ または $\dfrac{3x}{8}$（÷の記号を使わずに、分数の形で書きます）

(5) $a \times b \times (-1) = -ab$　（$-1a$ は $-a$ と書きます）

(6) $x \times x \times y \times y = x^2 y^2$　（同じ文字の積は、〜乗の形で表します）

🖎 文字式の利用

1個 100円のパンを x 個買ったときの代金を文字式で表してみましょう。

1個 100円のパンを2個買ったときの代金は 100円 × 2個 ＝ 200円

1個 100円のパンを3個買ったときの代金は 100円 × 3個 ＝ 300円

$$\vdots$$

1個 100円のパンを x 個買ったときの代金は 100円 × x 個 ＝ $100x$ 円

よって、1個 100円のパンを x 個買ったときの代金は $100x$（円）と表せます。

例題 2 文字式の利用

次の数量を文字式で表しなさい。

(1) 1個 x 円のケーキ3個と1本120円のジュースを1本買ったときの代金

(2) a cm のテープを5人で等しく分けたときの1人分のテープの長さ

(3) 底辺が x cm、高さが5 cm の三角形の面積

解答と解説

(1) ケーキの代金は x 円 × 3個、ジュースの代金は 120円で、代金の合計は、

　　$x \times 3 + 120 = 3x + 120$

答え　$3x + 120$（円）

(2) a cm のテープを5等分したときのテープの長さは、

　　$a \div 5 = \dfrac{1}{5}a$ または $\dfrac{a}{5}$

答え　$\dfrac{1}{5}a$ または $\dfrac{a}{5}$（cm）

(3) 三角形の面積 ＝ 底辺 × 高さ ÷ 2 で求められるので、

　　$x \times 5 \div 2 = 5x \div 2 = \dfrac{5}{2}x$ または $\dfrac{5x}{2}$

答え　$\dfrac{5}{2}x$ または $\dfrac{5x}{2}$（cm²）

🔖 式の値

　1個100円のパンをx個と1本80円の缶ジュースをy本買ったときの代金の合計を文字式で表すと、$100x + 80y$（円）と表せます。

　ここで、パンを3個、ジュースを2本買ったときの代金の合計は、この式のxを3に、yを2におきかえることで求めることができます。このように文字を数におきかえることを**代入**といいます。

　$100x + 80y$に$x = 3,\ y = 2$を代入して代金の合計を求めると、

　$100 \times 3 + 80 \times 2 = 460$（円）となります。

例題3 式の値

　次の式の値を求めなさい。

(1) $x = -4,\ y = 1$のとき$2x - 3y$の値

(2) $x = -3$のとき$-x^2 + 2x + 10$の値

(3) $x = \dfrac{1}{2},\ y = \dfrac{1}{3}$のとき$\dfrac{y}{x}$の値

解答と解説

(1) $2x - 3y$に$x = -4,\ y = 1$を代入すると、

　$2 \times (-4) - 3 \times 1 = -8 - 3 = \mathbf{-11}$

(2) $-x^2 + 2x + 10$に$x = -3$を代入すると、

　$-x^2 + 2x + 10 = -1 \times x^2 + 2x + 10$より

　$-1 \times (-3)^2 + 2 \times (-3) + 10 = -1 \times (-3) \times (-3) + 2 \times (-3) + 10$
$$= -9 - 6 + 10$$
$$= \mathbf{-5}$$

※$-x^2$は$-1 \times x^2$と考えるので、x^2の値にマイナスをつけることを忘れないようにしましょう。

(3) $\dfrac{y}{x}$に$x = \dfrac{1}{2},\ y = \dfrac{1}{3}$を代入すると、$\dfrac{y}{x} = y \div x$より、

　$\dfrac{1}{3} \div \dfrac{1}{2} = \dfrac{1}{3} \times \dfrac{2}{1} = \dfrac{2}{3}$

💡 単項式の次数と係数

$2x, b^2, 3abc$ のように、数や文字をかけ合わせてできる式を**単項式**といいます。
5 や x のように 1 つの数や文字も単項式です。

単項式のなかで、かけ合わされている文字の個数を**次数**といいます。

例 $x = 1 \times x$　かけ合わされている文字の個数は 1 個なので、次数は 1

$b^2 = 1 \times b \times b$　かけ合わされている文字の個数は 2 個なので、次数は 2

$3abc = 3 \times a \times b \times c$　かけ合わされている文字の個数は 3 個なので、次数は 3

単項式のなかで、文字以外の数の部分を**係数**といいます。

例 $2x = 2 \times x$　文字以外の数の部分は 2 なので、係数は 2

$b^2 = 1 \times b \times b$　文字以外の数の部分は 1 なので、係数は 1

$3abc = 3 \times a \times b \times c$　文字以外の数の部分は 3 なので、係数は 3

例題 4 単項式の次数と係数

次の単項式の次数と係数を答えなさい。

(1) $4x$　　　　(2) $-3ab$　　　　(3) $5y^3$　　　　(4) $\dfrac{2}{3}xy^2$　　　　(5) $-ab^2c$

解答と解説

(1) $4x = 4 \times x$　　　　　　　　　　**次数は 1, 係数は 4**

(2) $-3ab = -3 \times a \times b$　　　　　　**次数は 2, 係数は -3**

(3) $5y^3 = 5 \times y \times y \times y$　　　　　**次数は 3, 係数は 5**

(4) $\dfrac{2}{3}xy^2 = \dfrac{2}{3} \times x \times y \times y$　　　　**次数は 3, 係数は $\dfrac{2}{3}$**

(5) $-ab^2c = -1 \times a \times b \times b \times c$　　　**次数は 4, 係数は -1**

🔖 多項式の項

$x^2 + 3x + 2$ は、単項式 x^2 と $3x$ と 2 の和で表されています。

$x^2 - 3x - 2$ は、単項式 x^2 と $-3x$ と -2 の和で表されています。

このように単項式の和で表されている式を**多項式**といい、その一つひとつの単項式を**項**といいます。単項式と多項式を合わせて**整式**といいます。

整式
- **単項式**
  $3a, x^2, -5xy, a, 2$
- **多項式**
  $a + 3, x^2 + y, -5xy - 3$

例題 5 多項式の項

次の多項式の項を答えなさい。

(1) $4x + 3$ (2) $-3a + 2b + 1$ (3) $x^2 - 5x - 2$

解答と解説

(1) $4x + 3$ の項は $4x, 3$

(2) $-3a + 2b + 1$ の項は $-3a, 2b, 1$

(3) $x^2 - 5x - 2 = x^2 + (-5x) + (-2)$ と表せるので、項は $x^2, -5x, -2$

🔖 多項式の定数項

多項式の項のなかで文字を含まない項のことを**定数項**といいます。

たとえば、$x^2 + 3x - 2$ の定数項は -2 となります。

例題 6 多項式の定数項

次の多項式の定数項を答えなさい。

(1) $3x^2 - 7x - 5$ (2) $4a^3 - 2a^2 + a + 1$

解答と解説

(1) $3x^2 - 7x - 5$ の定数項は -5

(2) $4a^3 - 2a^2 + a + 1$ の定数項は 1

整式の整理

$5x + 2y + 3x$ のなかの $5x$ と $3x$ のように文字の部分が同じ項を**同類項**といいます。同類項は 1 つの項にまとめることができます。

例 $5x + 2y + 3x = 5x + 3x + 2y = (5 + 3)x + 2y = 8x + 2y$

このように同類項を 1 つの項にまとめることを、**整式を整理する**といいます。

例題7 整式の整理

次の整式を整理しなさい。

(1) $3a + 2b - 8a - 6b$　　　　(2) $-2x^2 - 3x + 5 + 6x^2 + x - 8$

解答と解説

(1) $\quad 3a + 2b - 8a - 6b$

$= 3a - 8a + 2b - 6b$

$= (3 - 8)a + (2 - 6)b$

$\boldsymbol{= -5a - 4b}$

(2) $\quad -2x^2 - 3x + 5 + 6x^2 + x - 8$

$= -2x^2 + 6x^2 - 3x + x + 5 - 8$

$= (-2 + 6)x^2 + (-3 + 1)x + 5 - 8$

$\boldsymbol{= 4x^2 - 2x - 3}$

※ x^2 と x は次数が違うので同類項ではありません。

整式の次数

整式は $2x^3 - x^2 + 3x + 1$ のように次数の高い項から順に並べて書きます。各項の次数のうち、最も高いものをその整式の次数、次数が n の整式を n 次式といいます。

よって、$2x^3 - x^2 + 3x + 1$ は最も高い次数が 3 であるので、3 次式となります。

例題8 整式の次数

次の整式を次数の高い順に整理し、何次式か答えなさい。

(1) $-2a + a^2 - 3a - 5a^2$　　　　(2) $-2x + x^3 + 3 + 4x^2 + 6x - 9 - 5x^2$

解答と解説

(1) $\quad -2a + a^2 - 3a - 5a^2$

$= a^2 - 5a^2 - 2a - 3a$

$= (1 - 5)a^2 + (-2 - 3)a$

$\boldsymbol{= -4a^2 - 5a}$

よって、**2 次式**となります。

(2) $\quad -2x + x^3 + 3 + 4x^2 + 6x - 9 - 5x^2$

$= x^3 + 4x^2 - 5x^2 - 2x + 6x + 3 - 9$

$= x^3 + (4 - 5)x^2 + (-2 + 6)x + 3 - 9$

$\boldsymbol{= x^3 - x^2 + 4x - 6}$

よって、**3 次式**となります。

💡 分配法則

$a(b+c) = a \times b + a \times c = ab + ac$

が成り立つことを**分配法則**といいます。

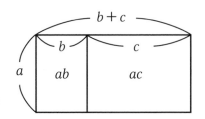

例1 ▶ $5(x+3) = 5 \times x + 5 \times 3 = 5x + 15$

例2 ▶ $-(x+3) = -1 \times x + (-1) \times 3 = -x - 3$

分配法則　a を（　　）のなかのそれぞれの項にかけ合わせる。

$$a(b+c) = \underset{①}{\underline{ab}} + \underset{②}{\underline{ac}}$$

$$a(b+c+d) = \underset{①}{\underline{ab}} + \underset{②}{\underline{ac}} + \underset{③}{\underline{ad}}$$

例題9　分配法則

次の計算をしなさい。

(1) $3(a+2b)$　　　　(2) $5(2x-3y)$　　　　(3) $2(b^2 - 3b + 5)$

(4) $-6(x^2 + 3x)$　　　(5) $-(a^2 - 2b^2 - c^2)$

解答と解説

(1)　$3(a+2b)$
$= 3 \times a + 3 \times 2b$
$= 3a + 6b$

(2)　$5(2x-3y)$
$= 5 \times 2x + 5 \times (-3y)$
$= 10x - 15y$

(3)　$2(b^2 - 3b + 5)$
$= 2 \times b^2 + 2 \times (-3b) + 2 \times 5$
$= 2b^2 - 6b + 10$

(4)　$-6(x^2 + 3x)$
$= -6 \times x^2 + (-6) \times 3x$
$= -6x^2 - 18x$

(5)　$-(a^2 - 2b^2 - c^2)$
$= -1 \times a^2 + (-1) \times (-2b^2) + (-1) \times (-c^2)$
$= -a^2 + 2b^2 + c^2$

🔔 整式の加法と減法（１）

（整式）＋（整式）は、そのままかっこをはずして同類項をまとめます。

例
$$(4x + 3) + (2x - 1) = 4x + 3 + 2x - 1$$
$$= 4x + 2x + 3 - 1$$
$$= 6x + 2$$

（整式）－（整式）は、引く式の各項の符号を変えてかっこをはずして同類項をまとめます。

例
$$(4x + 3) - (2x - 1) = 4x + 3 - 2x + 1$$
$$= 4x - 2x + 3 + 1$$
$$= 2x + 4$$

例題 10 整式の加法と減法（１）

整式 $A = x^2 + 2x - 6, B = 3x^2 - 5x - 4$ とするとき、

(1) $A + B$　(2) $A - B$　をそれぞれ計算しなさい。

解答と解説

整式を文字に代入するときは、整式をそれぞれかっこでくくります。

(1) $A + B = (x^2 + 2x - 6) + (3x^2 - 5x - 4)$
$$= x^2 + 2x - 6 + 3x^2 - 5x - 4$$
$$= x^2 + 3x^2 + 2x - 5x - 6 - 4$$
$$= 4x^2 - 3x - 10$$

(2) $A - B = (x^2 + 2x - 6) - (3x^2 - 5x - 4)$
$$= x^2 + 2x - 6 - 3x^2 + 5x + 4$$
$$= x^2 - 3x^2 + 2x + 5x - 6 + 4$$
$$= -2x^2 + 7x - 2$$

🖋 整式の加法と減法（2）

$-2(x-3)+(4x-5)$ を計算してみましょう。

分配法則を使ってかっこを外してから、同類項を計算していきます。

$$-2 \times x + (-2) \times (-3) + 4x - 5 = -2x + 6 + 4x - 5$$
$$= -2x + 4x + 6 - 5$$
$$= 2x + 1$$

例題 11　整式の加法と減法（2）

整式 $A = 2x^2 - 3x + 1, B = -x^2 + 4x - 3$ とするとき、

(1) $-4A$　　(2) $A + 2B$　　(3) $3A - 2B$　をそれぞれ計算しなさい。

解答と解説

整式を文字に代入するときは、整式をそれぞれかっこでくくり、分配法則を使ってかっこを外してから、同類項を計算していきます。

(1)　　$-4A$

$= -4(2x^2 - 3x + 1)$

$= -4 \times 2x^2 + (-4) \times (-3x) + (-4) \times 1$

$= -8x^2 + 12x - 4$

(2)　　$A + 2B$

$= (2x^2 - 3x + 1) + 2(-x^2 + 4x - 3)$

$= 2x^2 - 3x + 1 + 2 \times (-x^2) + 2 \times 4x + 2 \times (-3)$

$= 2x^2 - 3x + 1 - 2x^2 + 8x - 6$

$= 2x^2 - 2x^2 - 3x + 8x + 1 - 6$

$= 5x - 5$

(3)　　$3A - 2B$

$= 3(2x^2 - 3x + 1) - 2(-x^2 + 4x - 3)$

$= 3 \times 2x^2 + 3 \times (-3x) + 3 \times 1 + (-2) \times (-x^2) + (-2) \times 4x + (-2) \times (-3)$

$= 6x^2 - 9x + 3 + 2x^2 - 8x + 6$

$= 6x^2 + 2x^2 - 9x - 8x + 3 + 6$

$= 8x^2 - 17x + 9$

指数法則

a を n 個かけ合わせたものを a^n と表したとき、n を a^n の**指数**といいます。

たとえば、a を3個かけ合わせたものを a^3 と表したとき、a^3 の指数は3となります。

m, n を正の整数とすると次の**指数法則**が成り立ちます。

指数法則

【1】 $a^m \times a^n = a^{m+n}$

【2】 $(a^m)^n = a^{mn}$

【3】 $(ab)^n = a^n b^n$

指数法則が成り立つことを確認してみましょう。

【1】 $a^2 \times a^3 = a^{2+3} = a^5$

→ $a^2 \times a^3 = (a \times a) \times (a \times a \times a) = a \times a \times a \times a \times a = a^5$

【2】 $(a^2)^3 = a^{2\times3} = a^6$

→ $(a^2)^3 = (a \times a) \times (a \times a) \times (a \times a) = a \times a \times a \times a \times a \times a = a^6$

【3】 $(ab)^3 = a^3 b^3$

→ $(ab)^3 = (a \times b) \times (a \times b) \times (a \times b) = a \times a \times a \times b \times b \times b = a^3 b^3$

例題 12 指数法則 ─────

次の計算をしなさい。

(1) $a^3 \times a^7$　　　　(2) $(x^4)^5$　　　　(3) $(xy)^6$　　　　(4) $(a^2 b^4)^3$

解答と解説

(1) $a^3 \times a^7 = a^{3+7} = \boldsymbol{a^{10}}$ 　　　　→ 指数法則【1】 $a^m \times a^n = a^{m+n}$

(2) $(x^4)^5 = x^{4\times5} = \boldsymbol{x^{20}}$ 　　　　→ 指数法則【2】 $(a^m)^n = a^{mn}$

(3) $(xy)^6 = \boldsymbol{x^6 y^6}$ 　　　　→ 指数法則【3】 $(ab)^n = a^n b^n$

(4) $(a^2 b^4)^3 = a^{2\times3} b^{4\times3} = \boldsymbol{a^6 b^{12}}$ 　　　　→ 指数法則【2】【3】

単項式の乗法

単項式の乗法も、指数法則を使うとより効率的に計算できます。

例 $2a^2 \times 4a^3 = (2 \times 4) \times (a^2 \times a^3) = 8 \times a^{2+3} = 8a^5$

例題 13 単項式の乗法

次の計算をしなさい。

(1) $4x^3 \times 5x^2$　　　　(2) $a^2b \times a^3b^4$　　　　(3) $(-5x^3y)^2$

解答と解説

(1) $4x^3 \times 5x^2$

$= (4 \times 5) \times (x^3 \times x^2)$

$= 20 \times x^{3+2}$

$= \boldsymbol{20x^5}$

(2) $a^2b \times a^3b^4$

$= (a^2 \times a^3) \times (b \times b^4)$

$= a^{2+3} \times b^{1+4}$

$= \boldsymbol{a^5b^5}$

(3) $(-5x^3y)^2$

$= (-5)^2 \times (x^3)^2 \times y^2$

$= 25 \times x^{3 \times 2} \times y^2$

$= \boldsymbol{25x^6y^2}$

単項式と多項式の乗法

単項式と多項式の乗法は、分配法則を使って計算します。

例 $5a(a+3) = 5a \times (a+3) = 5a \times a + 5a \times 3 = 5a^2 + 15a$

例題 14 単項式と多項式の乗法

次の計算をしなさい。

(1) $3x(x^2+2x+4)$　　　　(2) $-2a(3a^2+a-1)$

解答と解説

(1) $3x(x^2+2x+4)$

$= 3x \times x^2 + 3x \times 2x + 3x \times 4$

$= \boldsymbol{3x^3 + 6x^2 + 12x}$

(2) $-2a(3a^2+a-1)$

$= -2a \times 3a^2 + (-2a) \times a + (-2a) \times (-1)$

$= \boldsymbol{-6a^3 - 2a^2 + 2a}$

📖 多項式と多項式の乗法

多項式と多項式の乗法も、分配法則を使って計算します。

$$(a+b)(c+d) = a \times c + a \times d + b \times c + b \times d$$
$$= ac + ad + bc + bd$$

例1 $(x+2)(y+3) = x \times y + x \times 3 + 2 \times y + 2 \times 3$
$$= xy + 3x + 2y + 6$$

例2 $(x-2)(y-3) = x \times y + x \times (-3) + (-2) \times y + (-2) \times (-3)$
$$= xy - 3x - 2y + 6$$

分配法則 a を後ろの（　　）のなかのそれぞれの項にかけ合わせたら、
b をもう一度後ろの（　　）のなかのそれぞれの項にかけ合わせる。

整式の積を分配法則や指数法則を使って計算し、単項式の和の形に表すことを整式を**展開**するといいます。

展開の手順

① かっこを外す（分配法則と指数法則を使う）。
② 式を整理する（同類項があれば計算する）。

例 $(3a+2)(a+1) = 3a \times a + 3a \times 1 + 2 \times a + 2 \times 1$ 　　　① かっこを外す。
$$= 3a^2 + 3a + 2a + 2$$
$$= 3a^2 + (3+2)a + 2$$ 　　　② 式を整理する。
$$= 3a^2 + 5a + 2$$

例題15 分配法則

次の式を展開しなさい。

(1) $(a+6)(b+2)$

(2) $(x-3)(y+5)$

(3) $(2a+3)(a-4)$

(4) $(5x-1)(3x-2)$

(5) $(a+1)(a^2+2a+1)$

解答と解説

(1) $(a+6)(b+2)=a\times b+a\times 2+6\times b+6\times 2$
$\qquad\qquad\qquad=ab+2a+6b+12$

(2) $(x-3)(y+5)=x\times y+x\times 5+(-3)\times y+(-3)\times 5$
$\qquad\qquad\qquad=xy+5x-3y-15$

(3) $(2a+3)(a-4)=2a\times a+2a\times(-4)+3\times a+3\times(-4)$
$\qquad\qquad\qquad=2a^2-8a+3a-12$
$\qquad\qquad\qquad=2a^2-5a-12$

(4) $(5x-1)(3x-2)=5x\times 3x+5x\times(-2)+(-1)\times 3x+(-1)\times(-2)$
$\qquad\qquad\qquad=15x^2-10x-3x+2$
$\qquad\qquad\qquad=15x^2-13x+2$

(5) $(a+2)(a^2+2a+1)=a\times a^2+a\times 2a+a\times 1+2\times a^2+2\times 2a+2\times 1$
$\qquad\qquad\qquad=a^3+2a^2+a+2a^2+4a+2$
$\qquad\qquad\qquad=a^3+2a^2+2a^2+a+4a+2$
$\qquad\qquad\qquad=a^3+4a^2+5a+2$

※(3)～(5)の問題のように、かっこをはずしたときに同類項が出てきた場合は、同類項どうしの計算を忘れないようにしましょう。

Step | 基礎問題

各問の空欄に当てはまる用語・記号・式をそれぞれ適切に答えなさい。

問 1 文字を含んだ乗法は、×の記号をはぶく。

例 $a \times b \times c = \boxed{}$

問 2 文字と数の積は、数を文字の前に書く。

例 $7 \times x = \boxed{}$

問 3 同じ文字の積は、累乗の形で表す。

例 $a \times a \times a = \boxed{}$

問 4 文字を含んだ除法は、÷の記号を使わずに、合数の形で書く。

例 $a \div 6 = \boxed{\dfrac{}{}}$

問 5 $2x, b^2, 3abc$ のように、数や文字をかけ合わせてできる式を $\boxed{}$ という。

問 6 $x^2 + 3x + 2$ のように単項式の和で表されている式を $\boxed{}$ という。

問 7 問5と問6の解答を合わせて $\boxed{}$ という。

問 8 $5x + 2y + 3x$ のなかの $5x$ と $3x$ のように文字の部分が同じ項を $\boxed{}$ といい、これを1つの項にまとめることを、整式を整理するという。

例 $6x + 4y + 2x = \boxed{}$

問 9 $a(b+c) = ab + ac$ が成り立つことを分配法則といい、これを利用して計算すると、$a(b+c+d) = \boxed{}$ となる。

問 10 $A = 3x + 1, B = 2x - 5$ とすると、$A + B = \boxed{}, A - B = \boxed{}$

解答

問1：abc 問2：$7x$ 問3：a^3 問4：$\dfrac{a}{6}$

問5：単項式 問6：多項式 問7：整式 問8：同類項, $8x + 4y$

問9：$ab + ac + ad$ 問10：$5x - 4, x + 6$

問11　a を 3 個かけ合わせたものを $\boxed{}$ と表す。

問12　$a^2 \times a^3 = \boxed{}$, $(a^2)^3 = \boxed{}$, $(ab)^3 = \boxed{}$

問13　整式の積を分配法則や指数法則を使って計算し、単項式の和の形に表すことを、整式を展開するという。

例1　$(a+b)(c+d) = \boxed{}$

例2　$(3a+2b)(a-4b) = \boxed{}$

Jump | レベルアップ問題

各問の設問文を読み、問題に答えなさい。

問1 整式 $A = 3x^2 - 4x + 1, B = x^2 + 2x - 5$ とするとき、次の計算をしなさい。

(1) $A + 3B$

(2) $2A - B$

(3) $(A + 2B) - (2A + B)$

問2 整式 A から $2x^2 - x - 3$ を引いたら $x^2 + 3x - 1$ になるとき、整式 A を求めなさい。

問3 次の計算をしなさい。

(1) $4x^3 \times 6x^2$ 　　　　(2) $-2a^2b \times a^3b^2$ 　　　　(3) $(-4x^2y)^3$

問4 次の式を展開しなさい。

(1) $2x(3x - 5)$ 　　　　　　　　(2) $-3a(a^2 + 2a - 4)$

(3) $(a + 3)(b + 5)$ 　　　　　　(4) $(x - 2)(4x - 3)$

(5) $(a - 3)(a^2 + a + 1)$

解答・解説

問1　整式 $A = 3x^2 - 4x + 1, B = x^2 + 2x - 5$ をそれぞれの式に代入します。

(3)は式を簡単にしてから代入したほうが計算が楽になります。

$$(1)\, A + 3B = (3x^2 - 4x + 1) + 3(x^2 + 2x - 5)$$
$$= 3x^2 - 4x + 1 + 3x^2 + 6x - 15$$
$$= 3x^2 + 3x^2 - 4x + 6x + 1 - 15$$
$$= 6x^2 + 2x - 14$$

$$(2)\, 2A - B = 2(3x^2 - 4x + 1) - (x^2 + 2x - 5)$$
$$= 6x^2 - 8x + 2 - x^2 - 2x + 5$$
$$= 6x^2 - x^2 - 8x - 2x + 2 + 5$$
$$= 5x^2 - 10x + 7$$

$$(3)\,(A + 2B) - (2A + B) = A + 2B - 2A - B$$
$$= A - 2A + 2B - B$$
$$= -A + B$$
$$-A + B = -(3x^2 - 4x + 1) + (x^2 + 2x - 5)$$
$$= -3x^2 + 4x - 1 + x^2 + 2x - 5$$
$$= -3x^2 + x^2 + 4x + 2x - 1 - 5$$
$$= -2x^2 + 6x - 6$$

問2　「整式 A から $2x^2 - x - 3$ を引いたら $x^2 + 3x - 1$ になる」を式に直すと

$A - (2x^2 - x - 3) = x^2 + 3x - 1$ となります。

よって、$A = x^2 + 3x - 1 + (2x^2 - x - 3)$
$$= x^2 + 3x - 1 + 2x^2 - x - 3$$
$$= x^2 + 2x^2 + 3x - x - 1 - 3$$
$$= 3x^2 + 2x - 4$$

問3　指数法則を使って計算していきます。

(1) $4x^3 \times 6x^2 = (4 \times 6) \times (x^3 \times x^2) = 24 \times x^{3+2} = \boldsymbol{24x^5}$

(2) $-2a^2b \times a^3b^2 = -2 \times (a^2 \times a^3) \times (b \times b^2) = -2 \times a^{2+3} \times b^{1+2} = \boldsymbol{-2a^5b^3}$

(3) $(-4x^2y)^3 = (-4)^3 \times (x^2)^3 \times y^3 = -64 \times x^{2 \times 3} \times y^3 = \boldsymbol{-64x^6y^3}$

問4　分配法則や乗法公式を使って展開していきます。

(1) $2x(3x-5) = 2x \times 3x + 2x \times (-5)$
$\qquad = \boldsymbol{6x^2 - 10x}$

(2) $-3a(a^2 + 2a - 4) = -3a \times a^2 + (-3a) \times 2a + (-3a) \times (-4)$
$\qquad = \boldsymbol{-3a^3 - 6a^2 + 12a}$

(3) $(a+3)(b+5) = a \times b + a \times 5 + 3 \times b + 3 \times 5$
$\qquad = \boldsymbol{ab + 5a + 3b + 15}$

(4) $(x-2)(4x-3) = x \times 4x + x \times (-3) + (-2) \times 4x + (-2) \times (-3)$
$\qquad = 4x^2 - 3x - 8x + 6$
$\qquad = \boldsymbol{4x^2 - 11x + 6}$

(5) $(a-3)(a^2 + a + 1)$
$\qquad = a \times a^2 + a \times a + a \times 1 + (-3) \times a^2 + (-3) \times a + (-3) \times 1$
$\qquad = a^3 + a^2 + a - 3a^2 - 3a - 3$
$\qquad = a^3 + a^2 - 3a^2 + a - 3a - 3$
$\qquad = \boldsymbol{a^3 - 2a^2 - 2a - 3}$

2. 乗法公式と因数分解

「乗法公式」という公式を学習することで、整式の展開をより効率的に計算できる場合があり、またその後に学習する「因数分解」の考え方の理解にもつながっていきます。第2節では、乗法公式を上手に活用できるようにしていきましょう。

Hop | 重要事項

乗法公式（1）

【1】 $(a+b)^2 = a^2 + 2ab + b^2$

$(a-b)^2 = a^2 - 2ab + b^2$

乗法公式が成り立つことを確認してみましょう。

【1】 $(a+b)^2 = (a+b)(a+b) = a^2 + ab + ab + b^2 = a^2 + 2ab + b^2$

$(a-b)^2 = (a-b)(a-b) = a^2 - ab - ab + b^2 = a^2 - 2ab + b^2$

乗法公式を利用して展開してみましょう。

【1】 $(a+b)^2 = a^2 + 2ab + b^2$

→ $(a+3)^2 = a^2 + 2 \times a \times 3 + 3^2 = a^2 + 6a + 9$

$(a-b)^2 = a^2 - 2ab + b^2$

→ $(a-3)^2 = a^2 - 2 \times a \times 3 + 3^2 = a^2 - 6a + 9$

例題 16 乗法公式（1）

次の式を展開しなさい。

(1) $(a+5)^2$　　　　(2) $(x-4)^2$　　　　(3) $(3x-2y)^2$

解答と解説

(1) $(a+5)^2 = a^2 + 2 \times a \times 5 + 5^2 = a^2 + 10a + 25$

(2) $(x-4)^2 = x^2 - 2 \times x \times 4 + 4^2 = x^2 - 8x + 16$

(3) $(3x-2y)^2 = (3x)^2 - 2 \times 3x \times 2y + (2y)^2 = 9x^2 - 12xy + 4y^2$

乗法公式（2）

【2】 $(a+b)(a-b) = a^2 - b^2$

乗法公式が成り立つことを確認してみましょう。

【2】 $(a+b)(a-b) = a^2 - ab + ab - b^2 = a^2 - b^2$

乗法公式を利用して展開してみましょう。

【2】 $(a+b)(a-b) = a^2 - b^2$

→ $(a+3)(a-3) = a^2 - 3^2 = a^2 - 9$

例題 17 乗法公式（2）

次の式を展開しなさい。

(1) $(a+9)(a-9)$

(2) $(4x+3)(4x-3)$

(3) $(2a+5b)(2a-5b)$

(4) $(7x-y)(7x+y)$

解答と解説

(1) $(a+9)(a-9) = a^2 - 9^2 = a^2 - 81$

(2) $(4x+3)(4x-3) = (4x)^2 - 3^2 = 16x^2 - 9$

(3) $(2a+5b)(2a-5b) = (2a)^2 - (5b)^2 = 4a^2 - 25b^2$

(4) $(7x-y)(7x+y) = (7x)^2 - (y)^2 = 49x^2 - y^2$

乗法公式（3）

【3】$(x+a)(x+b)=x^2+(a+b)x+ab$

乗法公式が成り立つことを確認してみましょう。

【3】$(x+a)(x+b)=x^2+bx+ax+ab=x^2+(a+b)x+ab$

乗法公式を利用して展開してみましょう。

【3】$(x+a)(x+b)=x^2+(a+b)x+ab$

→ $(x+2)(x+3)=x^2+(2+3)x+2\times3=x^2+5x+6$

例題 18 乗法公式（3）

次の式を展開しなさい。

(1) $(x+4)(x+5)$

(2) $(x-8)(x+2)$

(3) $(x+3)(x-7)$

(4) $(x-y)(x-6y)$

解答と解説

(1) $(x+4)(x+5)=x^2+(4+5)x+4\times5=x^2+9x+20$

(2) $(x-8)(x+2)=x^2+(-8+2)x+(-8)\times2=x^2-6x-16$

(3) $(x+3)(x-7)=x^2+\{3+(-7)\}x+3\times(-7)=x^2-4x-21$

(4) $(x-y)(x-6y)=x^2+\{-y+(-6y)\}x+(-y)\times(-6y)=x^2-7xy+6y^2$

💡 乗法公式（4）

【4】$(ax + b)(cx + d) = acx^2 + (ad + bc)x + bd$

乗法公式が成り立つことを確認してみましょう。

【4】$(ax + b)(cx + d) = acx^2 + adx + bcx + bd = acx^2 + (ad + bc)x + bd$

乗法公式を利用して展開してみましょう。

【4】$(ax + b)(cx + d) = acx^2 + (ad + bc)x + bd$

$\rightarrow (2x + 4)(3x + 1) = (2 \times 3)x^2 + (2 \times 1 + 4 \times 3)x + 4 \times 1$
$= 6x^2 + 14x + 4$

例題 19 乗法公式（4）

次の式を展開しなさい。

(1) $(3x + 4)(2x + 1)$　　　　　(2) $(2x - 3)(4x + 1)$

(3) $(4x + 2)(3x - 5)$　　　　　(4) $(3x - 2)(x - 4)$

解答と解説

(1) $(3x + 4)(2x + 1) = (3 \times 2)x^2 + (3 \times 1 + 4 \times 2)x + 4 \times 1$
$= 6x^2 + 11x + 4$

(2) $(2x - 3)(4x + 1) = (2 \times 4)x^2 + \{2 \times 1 + (-3) \times 4\}x + (-3) \times 1$
$= 8x^2 - 10x - 3$

(3) $(4x + 2)(3x - 5) = (4 \times 3)x^2 + \{4 \times (-5) + 2 \times 3\}x + 2 \times (-5)$
$= 12x^2 - 14x - 10$

(4) $(3x - 2)(x - 4) = (3 \times 1)x^2 + \{3 \times (-4) + (-2) \times 1\}x + (-2) \times (-4)$
$= 3x^2 - 14x + 8$

✏ 展開の工夫（1）

$(a+b+3)^2$ はこのままではこれまで学習した乗法公式が使えません。

しかし、$a+b$ を一つのまとまりとみて A とおくと、

$(a+b+3)^2 = (A+3)^2$ となるので、$(a+b)^2 = a^2+2ab+b^2$ の公式が使えます。

$(a+b+3)^2 = (A+3)^2 = A^2+2\times A\times 3+3^2 = A^2+6A+9$

A を $a+b$ にもどすと、

$A^2+6A+9 = (a+b)^2+6(a+b)+9 = a^2+2ab+b^2+6a+6b+9$

よって、$(a+b+3)^2 = a^2+2ab+b^2+6a+6b+9$ と展開できます。

※乗法公式を利用せずに展開して解くこともできますが、計算がやや煩雑になります。

$$(a+b+3)^2 = (a+b+3)(a+b+3)$$
$$= a^2+ab+3a+ab+b^2+3b+3a+3b+9$$
$$= a^2+ab+ab+b^2+3a+3a+3b+3b+9$$
$$= a^2+2ab+b^2+6a+6b+9$$

例題 20 展開の工夫（1）

次の式を展開しなさい。

(1) $(a-b-3)^2$ 　　　(2) $(a+b+2)(a+b-2)$ 　　　(3) $(x+y+2)(x+y+3)$

解答と解説

(1) $a-b$ を一つのまとまりとみて A とおくと、

$(a-b-3)^2 = (A-3)^2$
$\qquad\qquad = A^2-2\times A\times 3+3^2$
$\qquad\qquad = A^2-6A+9$

A を $a-b$ にもどすと、

$A^2-6A+9 = (a-b)^2-6(a-b)+9$
$\qquad\qquad = a^2-2ab+b^2-6a+6b+9$

(2) $a+b$ を一つのまとまりとみて A とおくと、

$(a+b+2)(a+b-2) = (A+2)(A-2)$
$\qquad\qquad\qquad\quad = A^2-2^2$
$\qquad\qquad\qquad\quad = A^2-4$

A を $a-b$ にもどすと、

$(a+b)^2-4 = a^2+2ab+b^2-4$

(3) $x+y$ を一つのまとまりとみて A とおくと、

$$(x+y+2)(x+y+3)=(A+2)(A+3)$$
$$=A^2+(2+3)A+2\times3$$
$$=A^2+5A+6$$

A を $x+y$ にもどすと、

$$A^2+5A+6=(x+y)^2+5(x+y)+6$$
$$=x^2+2xy+y^2+5x+5y+6$$

✎ 展開の工夫（2）

$(a+1)^2(a-1)^2$ は、かける式の組み合わせを工夫することで効率よく計算できます。
$(a+1)^2$ と $(a-1)^2$ をそれぞれ先に展開せずに、$(a+1)$ と $(a-1)$ を組み合わせて
$(a+1)^2(a-1)^2=\{(a+1)(a-1)\}^2$ とすることで、$(a+b)(a-b)=a^2-b^2$ の公式が
使えます。

よって、$\{(a+1)(a-1)\}^2=(a^2-1)^2$ となります。

ここで、$(a-b)^2=a^2-2ab+b^2$ の公式を使うと、

$(a^2-1)^2=(a^2)^2-2\times a^2\times1+1^2=a^4-2a^2+1$ となり、

$(a+1)^2(a-1)^2=a^4-2a^2+1$ と展開できます。

例題 21 展開の工夫（2）

次の式を展開しなさい。

(1) $(x+2)^2(x-2)^2$　　　　　　　　　(2) $a(a+5)(a-5)$

解答と解説

(1) $(x+2)$ と $(x-2)$ を組み合わせて　　　(2) $(a+5)(a-5)$ から先に展開します。

展開します。

$$(x+2)^2(x-2)^2$$

$$=\{(x+2)(x-2)\}^2$$

$$=(x^2-4)^2$$

$$=(x^2)^2-2\times x^2\times4+4^2$$

$$=x^4-8x^2+16$$

$$a(a+5)(a-5)$$

$$=a(a^2-25)$$

$$=a^3-25a$$

因数分解

$(x+2)(x+3)$ を乗法公式を利用して展開すると

$(x+2)(x+3)=x^2+(2+3)x+2\times3=x^2+5x+6$

となります。これを逆に考える（巻き戻す）と、

$x^2+5x+6=x^2+(2+3)x+2\times3=(x+2)(x+3)$

となります。

このように、１つの整式をいくつかの整式の積の形にすることを、元の式を**因数分解する**といい、積をつくる一つひとつの整式を元の式の**因数**といいます。

つまり、x^2+5x+6 を因数分解すると $(x+2)(x+3)$ となり $x+2$ や $x+3$ は、x^2+5x+6 の因数ということになります。

展開と因数分解

ここからは実際にどのような手順で因数分解していくかを見ていきましょう。

ここで一度、分配法則を復習します。

$a(b+c)=a\times b+a\times c=ab+ac$

因数分解は展開の逆の操作です。この式を逆に考えると、

$ab+ac=a\times b+a\times c=a(b+c)$

となり、ab と ac に共通する文字 a が、かっこの前に出てくる形になっています。

このように各項に共通な因数を含む整式は、共通な因数をかっこの外にくくり出すことができます。因数分解は、公式を利用する前に、まず共通な因数がないかの確認からはじめます。

共通な因数をくくり出すパターン

例1▶　$x^2+xy=x\times x+x\times y=x(x+y)$

例2▶　$2a+6b=2\times a+2\times3b=2(a+3b)$

例3▶　$3ab+3ac=3a\times b+3a\times c=3a(b+c)$

因数分解をする場合、共通な因数はすべてかっこの外にくくり出さないといけません。

例3の場合、$3ab + 3ac = 3 \times ab + 3 \times ac = 3(ab + ac)$

としてしまうと、かっこのなかにまだ共通な因数 a が残っていることになります。

必ずかっこのなかに共通な因数が残らないように因数分解しましょう。

例題 22 因数分解

次の式を因数分解しなさい。

(1) $ab^2 + ac^2$ (2) $x^2 + 5x$ (3) $4a - 8b$

(4) $5ax + 10ay$ (5) $2ab + 2a$ (6) $3x^2y - 9xy^2$

解答と解説

(1) 共通な因数 a をくくり出します。

$$ab^2 + ac^2 = a \times b^2 + a \times c^2$$
$$= a(b^2 + c^2)$$

(2) 共通な因数 x をくくり出します。

$$x^2 + 5x = x \times x + 5 \times x$$
$$= x(x + 5)$$

(3) 共通な因数 4 をくくり出します。

$$4a - 8b = 4 \times a - 4 \times 2b$$
$$= 4(a - 2b)$$

(4) 共通な因数 $5a$ をくくり出します。

$$5ax + 10ay = 5a \times x + 5a \times 2y$$
$$= 5a(x + 2y)$$

(5) 共通な因数 $2a$ をくくり出します。

$$2ab + 2a = 2a \times b + 2a \times 1$$
$$= 2a(b + 1)$$

(6) 共通な因数 $3xy$ をくくり出します。

$$3x^2y - 9xy^2 = 3xy \times x - 3xy \times 3y$$
$$= 3xy(x - 3y)$$

※(5)の $2a$ の項のように、項そのものが共通な因数になる場合は、共通因数 $2a$ をくくり出した後に、かっこのなかに $+1$ を書くことを忘れないようにしましょう。

💡 因数分解の公式（1）

整式の各項に共通因数がない場合の因数分解について考えてみましょう。
まずはこれまでに学習した乗法公式を復習します。

乗法公式

【1】$(a+b)^2 = a^2 + 2ab + b^2$
　　$(a-b)^2 = a^2 - 2ab + b^2$

【2】$(a+b)(a-b) = a^2 - b^2$

【3】$(x+a)(x+b) = x^2 + (a+b)x + ab$

【4】$(ax+b)(cx+d) = acx^2 + (ad+bc)x + bd$

乗法公式を逆にみることで因数分解の公式が得られます。

因数分解の公式

【1】$a^2 + 2ab + b^2 = (a+b)^2$
　　$a^2 - 2ab + b^2 = (a-b)^2$

【2】$a^2 - b^2 = (a+b)(a-b)$

【3】$x^2 + (a+b)x + ab = (x+a)(x+b)$

【4】$acx^2 + (ad+bc)x + bd = (ax+b)(cx+d)$

整式の各項に共通因数がない場合は、この因数分解の公式が使えないかを考えます。
因数分解の公式を一つひとつ確認していきましょう。

【1】$a^2 + 2ab + b^2 = (a+b)^2$

式の両端の項が2乗になっている場合の因数分解は、公式【1】を考えます。

例1 $a^2 + 6a + 9$ は式の両端の項がそれぞれ a の2乗、3の2乗となっているので
公式【1】を利用して因数分解すると

$a^2 + 2ab + b^2 = a^2 + 2 \times a \times b + b^2 = (a+b)^2$

$a^2 + 6a + 9 = a^2 + 2 \times a \times 3 + 3^2 = (a+3)^2$ 　　となります。

例2 $x^2 - 8x + 16$ を公式【1】を利用して因数分解すると

$a^2 - 2ab + b^2 = a^2 - 2 \times a \times b + b^2 = (a-b)^2$

$x^2 - 8x + 16 = x^2 - 2 \times x \times 4 + 4^2 = (x-4)^2$ 　　となります。

例題 23 因数分解の公式（１）

次の式を因数分解しなさい。

(1) $a^2 + 10a + 25$　　　　(2) $x^2 - 14x + 49$　　　　(3) $x^2 + 12xy + 36y^2$

解答と解説

(1) 因数分解の公式【1】の b を5におきかえます。

$$a^2 + 2ab + b^2 = a^2 + 2 \times a \times b + b^2 = (a+b)^2$$
$$a^2 + 10a + 25 = a^2 + 2 \times a \times 5 + 5^2 = \boldsymbol{(a+5)^2}$$

(2) 因数分解の公式【1】の a を x に、b を7におきかえます。

$$a^2 - 2ab + b^2 = a^2 - 2 \times a \times b + b^2 = (a+b)^2$$
$$x^2 - 14x + 49 = x^2 - 2 \times x \times 7 + 7^2 = \boldsymbol{(x-7)^2}$$

(3) 因数分解の公式【1】の a を x に、b を $6y$ におきかえます。

$$a^2 + 2ab + b^2 = a^2 + 2 \times a \times b + b^2 = (a+b)^2$$
$$x^2 + 12xy + 36y^2 = x^2 + 2 \times x \times 6y + (6y)^2 = \boldsymbol{(x+6y)^2}$$

因数分解の公式（２）

【2】 $a^2 - b^2 = (a+b)(a-b)$

式が（２乗）−（２乗）になっている場合の因数分解は、公式【2】を考えます。

例1 $a^2 - 9$ は（a の２乗）−（３の２乗）となっているので公式【2】を利用して因数分解すると

$$a^2 - b^2 = (a+b)(a-b)$$
$$a^2 - 9 = a^2 - 3^2 = (a+3)(a-3) \quad となります。$$

例2 $x^2 - 16y^2$ を公式【2】を利用して因数分解すると

$$a^2 - b^2 = (a+b)(a-b)$$
$$x^2 - 16y^2 = x^2 - (4y)^2 = (x+4y)(x-4y) \quad となります。$$

例題 24 因数分解の公式（2）

次の式を因数分解しなさい。

(1) $a^2 - 25$ (2) $x^2 - 81$ (3) $a^2 - 49b^2$

解答と解説

(1) 因数分解の公式【2】の b を5におきかえます。
$$a^2 - b^2 = (a+b)(a-b)$$
$$a^2 - 25 = a^2 - 5^2 = \boldsymbol{(a+5)(a-5)}$$

(2) 因数分解の公式【2】の a を x に、b を9におきかえます。
$$a^2 - b^2 = (a+b)(a-b)$$
$$x^2 - 81 = x^2 - 9^2 = \boldsymbol{(x+9)(x-9)}$$

(3) 因数分解の公式【2】の b を $7b$ におきかえます。
$$a^2 - b^2 = (a+b)(a-b)$$
$$a^2 - 49b^2 = a^2 - (7b)^2 = \boldsymbol{(a+7b)(a-7b)}$$

💡 因数分解の公式（3）

【3】 $x^2 + (a+b)x + ab = (x+a)(x+b)$

式の両端の項が2乗になっていない場合の因数分解は、公式【3】を考えます。

例1 $x^2 + 5x + 6$ を公式【3】を利用して因数分解すると
$$x^2 + (a+b)x + ab = x^2 + (a+b)x + a \times b = (x+a)(x+b)$$
$$x^2 + \quad 5x \quad + 6 = x^2 + (2+3)x + 2 \times 3 = (x+2)(x+3)$$
となります。

上下で式を見比べると、 $a+b=5$, $ab=6$ であることがわかるので
足して5、掛けて6になる2つの数 a, b を見つけます。
掛けて6になる、1と6, 2と3の2組のうち、足して5になるのは、2と3なので、
2つの数 a, b は2, 3であることがわかります。
（$a=2, b=3$ としても、$a=3, b=2$ としてもどちらでも構いません）

例2 x^2+4x-5 を公式【3】を利用して因数分解すると

$$x^2+(a+b)x+ab=x^2+(a+b)x+a\times b=(x+a)(x+b)$$
$$x^2+\quad 4x\quad -5\ =x^2+(-1+5)x+(-1)\times 5=(x-1)(x+5)$$

となります。

上下で式を見比べると、$a+b=4$, $ab=-5$ であることがわかるので

足して 4、掛けて -5 になる 2 つの数 a,b を見つけます。

掛けて -5 になる、1 と -5、-1 と 5 の 2 組のうち、足して 4 になるのは、-1 と

5 なので、2 つの数 a,b は $-1,5$ であることがわかります。

($a=-1,b=5$ としても、$a=5,b=-1$ としてもどちらでも構いません)

例題 25 因数分解の公式（3）

次の式を因数分解しなさい。

(1) x^2+6x+8　　　　　(2) x^2-6x-7　　　　　(3) $x^2-9x+14$

解答と解説

(1) $x^2+(a+b)x+ab\ =\ x^2+(a+b)x+a\times b=(x+a)(x+b)$

　$x^2+\quad 6x\quad +8\ =x^2+(2+4)x+2\times 4=\boldsymbol{(x+2)(x+4)}$

　（足して 6、掛けて 8 になる 2 つの数 a,b を見つけます）

(2) $x^2+(a+b)x+ab\ =\ x^2+(a+b)x+a\times b=(x+a)(x+b)$

　$x^2\quad -6x\quad -7\ =x^2+(-7+1)x+(-7)\times 1=\boldsymbol{(x-7)(x+1)}$

　（足して -6、掛けて -7 になる 2 つの数 a,b を見つけます）

(3) $x^2+(a+b)x+ab\ -\ x^2+(a+b)x+a\times b\ -(x+a)(x+b)$

　$x^2\quad -9x\quad +14=x^2+\{(-2)+(-7)\}x+(-2)\times(-7)=\boldsymbol{(x-2)(x-7)}$

　（足して -9、掛けて 14 になる 2 つの数 a,b を見つけます）

🔍 因数分解の公式（4）①

【4】 $acx^2 + (ad + bc)x + bd = (ax + b)(cx + d)$

x^2 の係数が 1 ではなく、式の両端の項が 2 乗になっていない場合の因数分解は、公式 **【4】** を考えます。

例 $5x^2 + 7x + 2$ を公式 **【4】** を利用して因数分解してみましょう。

$$acx^2 + (ad + bc)x + bd = (ax + b)(cx + d)$$
$$5x^2 + \quad 7x \quad + 2 \ = ?$$

上下で式を見比べると、$ac = 5$, $ad + bc = 7$, $bd = 2$ であることがわかりますが、これらを満たす a, b, c, d を見つけるのは大変です。

そこで「たすきがけ」と呼ばれる方法を用いて、a, b, c, d を考えていきます。

たすきがけの因数分解

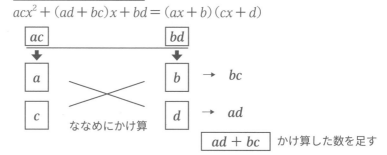

まず $ac = 5$ より、$a = 5$, $c = 1$ とします。次に $bd = 2$ となるような b, d の組のなかから $ad + bc = 7$ となる組を見つけていきます。

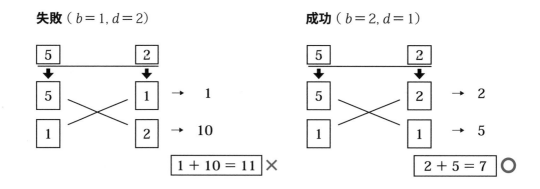

よって、$a = 5, b = 2, c = 1, d = 1$ となることがわかったので公式 **【4】** にあてはめて $5x^2 + 7x + 2 = (5x + 2)(x + 1)$ となり、因数分解ができます。

例題 26 因数分解の公式（4）①

次の式を因数分解しなさい。

(1) $2x^2 + 5x + 2$　　　　(2) $3x^2 + 8x + 5$　　　　(3) $7x^2 + 9x + 2$

解答と解説

(1) まず $ac = 2$ より、$a = 2,\ c = 1$ とします。次に $bd = 2$ となるような b, d の組のなかから $ad + bc = 5$ となる組を見つけていきます。

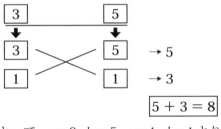

よって、$a = 2,\ b = 1,\ c = 1,\ d = 2$ より
$$2x^2 + 5x + 2 = (2x + 1)(x + 2)$$

(2) まず $ac = 3$ より、$a = 3,\ c = 1$ とします。次に $bd = 5$ となるような b, d の組のなかから $ad + bc = 8$ となる組を見つけていきます。

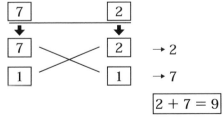

よって、$a = 3,\ b = 5,\ c = 1,\ d = 1$ より
$$3x^2 + 8x + 5 = (3x + 5)(x + 1)$$

(3) まず $ac = 7$ より、$a-7,\ c = 1$ とします。次に $bd = 2$ となるような b, d の組のなかから $ad + bc = 9$ となる組を見つけていきます。

よって、$a = 7,\ b = 2,\ c = 1,\ d = 1$ より
$$7x^2 + 9x + 2 = (7x + 2)(x + 1)$$

💡 因数分解の公式（４）②

例 $3x^2 + 7x - 6$ を公式【4】を利用して因数分解してみましょう。

$$ac x^2 + (ad + bc)x + bd = (ax + b)(cx + d)$$
$$3x^2 + \quad 7x \quad\quad -6 \quad = ?$$

上下で式を見比べると、$ac = 3$, $ad + bc = 7$, $bd = -6$ であることがわかります。これまでよりも b, d の候補が増えますが、地道にたすきがけで正解のパターンを見つけていきましょう。

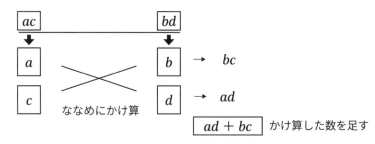

たすきがけの因数分解
$$ac x^2 + (ad + bc)x + bd = (ax + b)(cx + d)$$

まず $ac = 3$ より、$a = 3$, $c = 1$ とします。次に $bd = -6$ となるような b, d の組のなかから $ad + bc = 7$ となる組を見つけていきます。

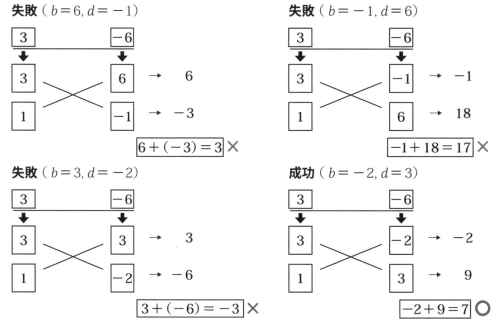

よって、$a = 3$, $b = -2$, $c = 1$, $d = 3$ となることがわかったので公式【4】にあてはめて $3x^2 + 7x - 6 = (3x - 2)(x + 3)$ となり、因数分解ができます。

例題 27 因数分解の公式（4）②

次の式を因数分解しなさい。

(1) $3x^2 + 2x - 8$　　　(2) $5x^2 - 7x - 6$　　　(3) $2x^2 - 13x + 6$

解答と解説

(1) まず $ac = 3$ より、$a = 3$, $c = 1$ とします。次に $bd = -8$ となるような b,d の組の
なかから $ad + bc = 2$ となる組を見つけていきます。

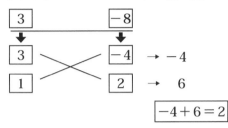

よって、$a = 3$, $b = -4$, $c = 1$, $d = 2$ より
$$3x^2 + 2x - 8 = (3x - 4)(x + 2)$$

(2) まず $ac = 5$ より、$a = 5$, $c = 1$ とします。次に $bd = -6$ となるような b,d の組の
なかから $ad + bc = -7$ となる組を見つけていきます。

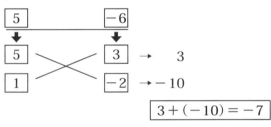

よって、$a = 5$, $b = 3$, $c = 1$, $d = -2$ より
$$5x^2 - 7x - 6 = (5x + 3)(x - 2)$$

(3) まず $ac = 2$ より、$a = 2$, $c = 1$ とします。次に $bd - 6$ となるような b,d の組のなか
から $ad + bc = -13$ となる組を見つけていきます。

$$\boxed{2} \qquad \boxed{6}$$
$$\downarrow \qquad\qquad \downarrow$$
$$\boxed{2} \;\diagdown\!\!\!\diagup\; \boxed{-1} \;\to\; -1$$
$$\boxed{1} \;\diagup\!\!\!\diagdown\; \boxed{-6} \;\to\; -12$$
$$\boxed{-1 + (-12) = -13}$$

よって、$a = 2$, $b = -1$, $c = 1$, $d = -6$ より
$$2x^2 - 13x + 6 = (2x - 1)(x - 6)$$

🔎 因数分解の工夫

そのままでは公式を利用して因数分解できない式も、式の一部をまとまりとみて一つの文字におきかえることで、因数分解できることがあります。

例　$(x+y)^2+5(x+y)+6$

このままでは因数分解の公式が使えませんが、$(x+y)$ をまとまりとみて A とおくと、$(x+y)^2+5(x+y)+6=A^2+5A+6$ となり、公式【3】が利用できる形になります。

因数分解の公式
【3】$x^2+(a+b)x+a \times b = (x+a)(x+b)$

実際に因数分解してみましょう。
$$A^2+5A+6=A^2+(2+3)A+2 \times 3$$
$$=(A+2)(A+3)$$
A を $(x+y)$ にもどすと
$(A+2)(A+3)=(x+y+2)(x+y+3)$ となり、因数分解ができます。

例題 28　因数分解の工夫

次の式を因数分解しなさい。
(1) $(x+y)^2+2(x+y)-15$　　　　　　(2) $x^2-(y+z)^2$

解答と解説

(1) $(x+y)$ をまとまりとみて A とおくと、

$\quad A^2+2A-15=(A+5)(A-3)$

$\quad$→公式【3】$x^2+(a+b)x+ab=(x+a)(x+b)$

$\quad A$ を $(x+y)$ にもどすと $(A+5)(A-3)=\mathbf{(x+y+5)(x+y-3)}$

(2) $(y+z)$ をまとまりとみて A とおくと、

$\quad x^2-A^2=(x+A)(x-A)$

$\quad$→公式【2】$a^2-b^2=(a+b)(a-b)$

$\quad A$ を $(y+z)$ にもどすと $(x+A)(x-A)=\{x+(y+z)\}\{x-(y+z)\}$
$$=\mathbf{(x+y+z)(x-y-z)}$$

Step ｜ 基礎問題

各問の空欄に当てはまる用語・記号・式をそれぞれ適切に答えなさい。

問 1　　乗法公式【1】$(a+b)^2 = \boxed{}$

　　　　　　　　　　$(x+4)^2 = \boxed{}$

　　　　乗法公式【1】$(a-b)^2 = \boxed{}$

　　　　　　　　　　$(a-3)^2 = \boxed{}$

問 2　　乗法公式【2】$(a+b)(a-b) = \boxed{}$

　　　　　　　　　　$(a+9)(a-9) = \boxed{}$

問 3　　乗法公式【3】$(x+a)(x+b) = \boxed{}$

　　　　　　　　　　$(x+2)(x-8) = \boxed{}$

問 4　　乗法公式【4】$(ax+b)(cx+d) = \boxed{}$

　　　　　　　　　　$(4x+2)(3x-1) = \boxed{}$

問 5　　1 つの整式をいくつかの整式の積の形にすることを $\boxed{}$ するという。

問 6　　因数分解公式【1】$a^2 + 2ab + b^2 = \boxed{}$

　　　　　　　　　　　　$a^2 + 2a + 1 = \boxed{}$

　　　　因数分解公式【1】$a^2 - 2ab + b^2 = \boxed{}$

　　　　　　　　　　　　$a^2 - 6a + 9 = \boxed{}$

問 7　　因数分解公式【2】$a^2 - b^2 = \boxed{}$

　　　　　　　　　　　　$a^2 - 36 = \boxed{}$

問 8　　因数分解公式【3】$x^2 + (a+b)x + ab = \boxed{}$

　　　　　　　　　　　　$x^2 - 7x - 18 = \boxed{}$

問 9　　因数分解公式【4】$acx^2 + (ad+bc)x + bd = \boxed{}$

　　　　　　　　　　　　$2x^2 - 5x - 3 = \boxed{}$

解 答

問 1：$a^2 + 2ab + b^2$, $x^2 + 8x + 16$, $a^2 - 2ab + b^2$, $a^2 - 6a + 9$　問 2：$a^2 - b^2$, $a^2 - 81$

問 3：$x^2 + (a+b)x + ab$, $x^2 - 6x - 16$　問 4：$acx^2 + (ad+bc)x + bd$, $12x^2 + 2x - 2$

問 5：因数分解　問 6：$(a+b)^2$, $(a+1)^2$, $(a-b)^2$, $(a-3)^2$

問 7：$(a+b)(a-b)$, $(a+6)(a-6)$　問 8：$(x+a)(x+b)$, $(x+2)(x-9)$

問 9：$(ax+b)(cx+d)$, $(2x+1)(x-3)$

Jump｜レベルアップ問題

各問の設問文を読み、問題に答えなさい。

問1　　次の式を展開しなさい。

(1) $(x+y+2)(x+y-4)$　　　　　(2) $(a-b+5)^2$

(3) $(x+3+y)(x-3+y)$　　　　　(4) $(a+3)^2(a-3)^2$

(5) $x(x+1)(x+2)$　　　　　(6) $(a+b)(a-b+3)$

問2　　次の式を因数分解しなさい。

(1) $3x^2+14x-5$　　　　　(2) $2x^2-11x+12$

(3) $(x+y)^2-2(x+y)-8$　　　　　(4) $(a+b)^2-c^2$

問 1　乗法公式を使って展開していきます。

(1) $(x+y)$ を一つのまとまりとみて A とおくと、

$$(x+y+2)(x+y-4)=(A+2)(A-4)$$
$$=A^2+\{2+(-4)\}A+2\times(-4)$$
$$=A^2-2A-8$$

A を $x+y$ にもどすと、

$$A^2-2A-8=(x+y)^2-2(x+y)-8=x^2+2xy+y^2-2x-2y-8$$

(2) $a-b$ を一つのまとまりとみて A とおくと、

$$(a-b+5)^2=(A+5)^2$$
$$=A^2+2\times A\times5+5^2$$
$$=A^2+10A+25$$

A を $a-b$ にもどすと、

$$A^2+10A+25=(a-b)^2+10(a-b)+25=a^2-2ab+b^2+10a-10b+25$$

(3) $x+y$ を一つのまとまりとみて A とおくと、

$$(x+3+y)(x-3+y)=(A+3)(A-3)$$
$$=A^2-3^2$$
$$=A^2-9$$

A を $x+y$ にもどすと、

$$A^2-9=(x+y)^2-9=x^2+2xy+y^2-9$$

(4) $(a+3)$ と $(a-3)$ を組み合わせて展開します。

$$(a+3)^2(a-3)^2 = \{(a+3)(a-3)\}^2$$
$$= (a^2-9)^2$$
$$= (a^2)^2 - 2 \times a^2 \times 9 + 9^2$$
$$= a^4 - 18a^2 + 81$$

(5) $(x+1)(x+2)$ から先に展開します。

$$x(x+1)(x+2) = x\{x^2 + (1+2)x + 1 \times 2\}$$
$$= x(x^2 + 3x + 2)$$
$$= x^3 + 3x^2 + 2x$$

(6) $(a+b)(a-b)$ を組み合わせて展開します。

$$(a+b)(a-b+3) = (a+b)(a-b) + 3(a+b)$$
$$= a^2 - b^2 + 3a + 3b$$

問2　(1)と(2)は、因数分解の公式【4】（たすきがけの因数分解）のパターンです。
(3)と(4)は、式の一部を一つの文字におきかえることで因数分解できます。

(1) $3x^2 + 14x - 5 = (3x-1)(x+5)$

$$
\boxed{3} \qquad\qquad \boxed{-5}
$$
$$
\downarrow \qquad\qquad\quad \downarrow
$$
$$
\boxed{3} \qquad\qquad \boxed{-1} \quad \rightarrow \quad -1
$$
$$
\boxed{1} \qquad\qquad \boxed{5} \quad \rightarrow \quad 15
$$
$$
\boxed{-1 + 15 = 14}
$$

(2) $2x^2 - 11x + 12 = (2x - 3)(x - 4)$

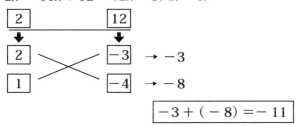

(3) $(x + y)$ をまとまりとみて A とおくと、

$(x + y)^2 - 2(x + y) - 8$

$= A^2 - 2A - 8$

$= (A + 2)(A - 4)$　← 公式【3】 $x^2 + (a + b)x + ab = (x + a)(x + b)$

A を $(x + y)$ にもどすと $(A + 2)(A - 4) = (x + y + 2)(x + y - 4)$

(4) $(a + b)$ をまとまりとみて A とおくと、

$(a + b)^2 - c^2$

$= A^2 - c^2$

$= (A + c)(A - c)$　← 公式【2】 $a^2 - b^2 = (a + b)(a - b)$

A を $(a + b)$ にもどすと $(A + c)(A - c) = (a + b + c)(a + b - c)$

3. 根号を含む式の計算

第3節では、根号（√＝ルート）を含む式の計算について学習していきます。最初は数量をイメージしにくいかもしれませんが、根号の意味をしっかり理解することで、数の世界をさらに広げていきましょう。

Hop｜重要事項

 平方根

2乗するとaになる数をaの**平方根**といいます。

正の数aの平方根は2つあり、正のほうを$\sqrt{a}$、負のほうを$-\sqrt{a}$と表します。

例1 10の平方根（2乗すると10になる数）は、$\sqrt{10}$と$-\sqrt{10}$

例2 9の平方根（2乗すると9になる数）は、$\sqrt{9}=3$と$-\sqrt{9}=-3$

※$\sqrt{9}$や$-\sqrt{9}$のように根号を使わずに表すことができる場合は、根号は使わずに整数で表します。

例3 0の平方根（2乗すると0になる数）は、$\sqrt{0}=0$のみ

$$-\sqrt{3} \quad \xrightarrow{\text{2乗（平方）}} \quad 3$$
$$\sqrt{3} \quad \xleftarrow{\text{平方根}}$$

例題29 平方根

次の値を求めなさい。

(1) 7の平方根　　　(2) 16の平方根　　　(3) $\sqrt{25}$　　　(4) $-\sqrt{49}$

解答と解説

(1) 7の平方根（2乗すると7になる数）は、$\sqrt{7}$と$-\sqrt{7}$ または$\pm\sqrt{7}$

(2) 16の平方根（2乗すると16になる数）は、4と-4 または± 4

(3) $\sqrt{25}$は25の平方根の正のほうなので、5

(4) $-\sqrt{49}$は49の平方根の負のほうなので、-7

🖋 平方根と計算（１）

平方根の式の計算では次のことが成り立ちます。

a, b が正の数のとき

【1】 $\sqrt{a^2} = a$, $(\sqrt{a})^2 = a$

【2】 $\sqrt{a} \times \sqrt{b} = \sqrt{ab}$, $\sqrt{ab} = \sqrt{a} \times \sqrt{b}$

【3】 $\dfrac{\sqrt{a}}{\sqrt{b}} = \sqrt{\dfrac{a}{b}}$

例1 $\sqrt{3^2} = 3$, $(\sqrt{3})^2 = 3$

例2 $\sqrt{2} \times \sqrt{3} = \sqrt{2 \times 3} = \sqrt{6}$, $\sqrt{8} = \sqrt{4} \times \sqrt{2} = 2 \times \sqrt{2} = 2\sqrt{2}$

例3 $\dfrac{\sqrt{10}}{\sqrt{5}} = \sqrt{\dfrac{10}{5}} = \sqrt{2}$

例題 30 平方根と計算（１）

次の計算をしなさい。(4)は√ のなかをできるだけ小さい整数にしなさい。

(1) $\sqrt{5^2}$　　　　(2) $(\sqrt{10})^2$　　　　(3) $\sqrt{5} \times \sqrt{7}$　　　(4) $\sqrt{12}$　　　(5) $\dfrac{\sqrt{15}}{\sqrt{3}}$

解答と解説

(1) $\sqrt{5^2} = 5$　　　　　　(2) $(\sqrt{10})^2 = 10$　　　　(3) $\sqrt{5} \times \sqrt{7} = \sqrt{5 \times 7} = \sqrt{35}$

(4) $\sqrt{12} = \sqrt{4} \times \sqrt{3} = 2 \times \sqrt{3} = 2\sqrt{3}$　　　　(5) $\dfrac{\sqrt{15}}{\sqrt{3}} = \sqrt{\dfrac{15}{3}} = \sqrt{5}$

平方根と計算（2）

√のなかが同じ数の和や差は同類項の計算と同じように考えることができます。

例1 $5\sqrt{3} + 2\sqrt{3} = (5+2)\sqrt{3} = 7\sqrt{3}$

例2 $2\sqrt{3} - 5\sqrt{3} = (2-5)\sqrt{3} = -3\sqrt{3}$

√のなかが違う数の和や差は√のなかを同じ数にしてから計算します。

例1 $\sqrt{8} + \sqrt{18} = \sqrt{4} \times \sqrt{2} + \sqrt{9} \times \sqrt{2} = 2\sqrt{2} + 3\sqrt{2} = (2+3)\sqrt{2} = 5\sqrt{2}$

例2 $\sqrt{12} - \sqrt{27} = \sqrt{4} \times \sqrt{3} - \sqrt{9} \times \sqrt{3} = 2\sqrt{3} - 3\sqrt{3} = (2-3)\sqrt{3} = -\sqrt{3}$

例題31 平方根と計算（2）

次の式を計算しなさい。

(1) $-2\sqrt{5} + 8\sqrt{5}$　　　(2) $\sqrt{18} - \sqrt{50}$　　　(3) $\sqrt{12} + \sqrt{48} - \sqrt{27}$

解答と解説

(1) $-2\sqrt{5} + 8\sqrt{5} = (-2+8)\sqrt{5} = \boldsymbol{6\sqrt{5}}$

(2) $\sqrt{18} - \sqrt{50} = \sqrt{9} \times \sqrt{2} - \sqrt{25} \times \sqrt{2} = 3\sqrt{2} - 5\sqrt{2} = (3-5)\sqrt{2} = \boldsymbol{-2\sqrt{2}}$

(3) $\sqrt{12} + \sqrt{48} - \sqrt{27} = \sqrt{4} \times \sqrt{3} + \sqrt{16} \times \sqrt{3} - \sqrt{9} \times \sqrt{3}$
$$= 2\sqrt{3} + 4\sqrt{3} - 3\sqrt{3}$$
$$= (2+4-3)\sqrt{3}$$
$$= 3\sqrt{3}$$

💡 平方根と計算（3）

平方根の計算は分配法則や乗法公式を利用できる場合もあります。

例1 $\sqrt{3}\,(\sqrt{2}+\sqrt{3}\,)$

分配法則 $a(b+c)=ab+ac$ を利用して計算すると、

$\sqrt{3}\,(\sqrt{2}+\sqrt{3}\,)=\sqrt{3}\times\sqrt{2}+\sqrt{3}\times\sqrt{3}=\sqrt{6}+3$　となります。

例2 $(\sqrt{5}+\sqrt{3}\,)(\sqrt{5}-\sqrt{3}\,)$

乗法公式【2】$(a+b)(a-b)=a^2-b^2$ を利用して計算すると、

$(\sqrt{5}+\sqrt{3}\,)(\sqrt{5}-\sqrt{3}\,)=(\sqrt{5}\,)^2-(\sqrt{3}\,)^2=5-3=2$　となります。

例題32 平方根と計算（3）

次の式を計算しなさい。

(1) $\sqrt{5}\,(2\sqrt{5}+\sqrt{2}\,)$　　　(2) $(\sqrt{7}+3)(\sqrt{7}-3)$　　　(3) $(\sqrt{2}+\sqrt{3}\,)^2$

解答と解説

(1) 分配法則 $a(b+c)=ab+ac$ を利用して計算します。

$$\begin{aligned}
\sqrt{5}\,(2\sqrt{5}+\sqrt{2}\,) &=\sqrt{5}\times 2\sqrt{5}+\sqrt{5}\times\sqrt{2}\\
&=2\times\sqrt{5}\times\sqrt{5}+\sqrt{5\times 2}\\
&=2\times 5+\sqrt{10}\\
&=10+\sqrt{10}
\end{aligned}$$

(2) 乗法公式【2】$(a+b)(a-b)=a^2-b^2$ を利用して計算します。

$$\begin{aligned}
(\sqrt{7}+3)(\sqrt{7}-3)&=(\sqrt{7}\,)^2-3^2\\
&=7-9\\
&=-2
\end{aligned}$$

(3) 乗法公式【3】$(a+b)^2=a^2+2ab+b^2$ を利用して計算します。

$$\begin{aligned}
(\sqrt{2}+\sqrt{3}\,)^2&=(\sqrt{2}\,)^2+2\times\sqrt{2}\times\sqrt{3}+(\sqrt{3}\,)^2\\
&=2+2\times\sqrt{2\times 3}+3\\
&=2+2\sqrt{6}+3\\
&=5+2\sqrt{6}
\end{aligned}$$

分母の有理化（１）

分母に根号を含まない式になるように変形することを**分母の有理化**といいます。分母を有理化するには分母と分子に同じ数を掛けます。

例 $\dfrac{2}{\sqrt{3}}$ を有理化するには、分母と分子に $\sqrt{3}$ を掛けます。

$$\frac{2}{\sqrt{3}} = \frac{2 \times \sqrt{3}}{\sqrt{3} \times \sqrt{3}} = \frac{2\sqrt{3}}{3}$$

例題33 分母の有理化（１）

次の式の分母を有理化しなさい。

(1) $\dfrac{1}{\sqrt{5}}$　　　(2) $\dfrac{\sqrt{3}}{\sqrt{7}}$　　　(3) $\dfrac{2\sqrt{5}}{\sqrt{3}}$　　　(4) $\dfrac{\sqrt{3}}{2\sqrt{5}}$

解答と解説

(1) $\dfrac{1}{\sqrt{5}} = \dfrac{1 \times \sqrt{5}}{\sqrt{5} \times \sqrt{5}} = \dfrac{\sqrt{5}}{5}$

(2) $\dfrac{\sqrt{3}}{\sqrt{7}} = \dfrac{\sqrt{3} \times \sqrt{7}}{\sqrt{7} \times \sqrt{7}} = \dfrac{\sqrt{21}}{7}$

(3) $\dfrac{2\sqrt{5}}{\sqrt{3}} = \dfrac{2\sqrt{5} \times \sqrt{3}}{\sqrt{3} \times \sqrt{3}} = \dfrac{2\sqrt{15}}{3}$

(4) $\dfrac{\sqrt{3}}{2\sqrt{5}} = \dfrac{\sqrt{3} \times \sqrt{5}}{2\sqrt{5} \times \sqrt{5}} = \dfrac{\sqrt{15}}{2 \times 5} = \dfrac{\sqrt{15}}{10}$

分母の有理化（2）

分母が $\sqrt{a}+\sqrt{b}$ や $\sqrt{a}-\sqrt{b}$ のように平方根の和や差で表される場合は、

乗法公式【2】$(a+b)(a-b)=a^2-b^2$ より、

$(\sqrt{a}+\sqrt{b})(\sqrt{a}-\sqrt{b})=(\sqrt{a})^2-(\sqrt{b})^2=a-b$ を利用して有理化します。

例 $\dfrac{1}{\sqrt{5}+\sqrt{2}}$ を有理化するには、分母と分子に $\sqrt{5}-\sqrt{2}$ を掛けると、

$$\dfrac{1}{\sqrt{5}+\sqrt{2}}=\dfrac{1(\sqrt{5}-\sqrt{2})}{(\sqrt{5}+\sqrt{2})(\sqrt{5}-\sqrt{2})}=\dfrac{\sqrt{5}-\sqrt{2}}{(\sqrt{5})^2-(\sqrt{2})^2}=\dfrac{\sqrt{5}-\sqrt{2}}{5-2}=\dfrac{\sqrt{5}-\sqrt{2}}{3}$$

となります。

例題34 分母の有理化（2）

次の式の分母を有理化しなさい。

(1) $\dfrac{1}{\sqrt{7}+\sqrt{2}}$　　　　(2) $\dfrac{5}{\sqrt{5}-\sqrt{3}}$　　　　(3) $\dfrac{3}{\sqrt{7}+2}$

解答と解説

(1) $\dfrac{1}{\sqrt{7}+\sqrt{2}}=\dfrac{1(\sqrt{7}-\sqrt{2})}{(\sqrt{7}+\sqrt{2})(\sqrt{7}-\sqrt{2})}=\dfrac{\sqrt{7}-\sqrt{2}}{(\sqrt{7})^2-(\sqrt{2})^2}=\dfrac{\sqrt{7}-\sqrt{2}}{7-2}=\dfrac{\sqrt{7}-\sqrt{2}}{5}$

(2) $\dfrac{5}{\sqrt{5}-\sqrt{3}}=\dfrac{5(\sqrt{5}+\sqrt{3})}{(\sqrt{5}-\sqrt{3})(\sqrt{5}+\sqrt{3})}=\dfrac{5\times\sqrt{5}+5\times\sqrt{3}}{(\sqrt{5})^2-(\sqrt{3})^2}=\dfrac{5\sqrt{5}+5\sqrt{3}}{5-3}$

$\qquad=\dfrac{5\sqrt{5}+5\sqrt{3}}{2}$

(3) $\dfrac{3}{\sqrt{7}+2}=\dfrac{3(\sqrt{7}-2)}{(\sqrt{7}+2)(\sqrt{7}-2)}=\dfrac{3\times\sqrt{7}-3\times2}{(\sqrt{7})^2-2^2}=\dfrac{3\sqrt{7}-6}{7-4}=\dfrac{3\sqrt{7}-6}{3}$

$\qquad=\dfrac{3\sqrt{7}}{3}-\dfrac{6}{3}=\sqrt{7}-2$

Step｜基礎問題

各問の空欄に当てはまる用語・記号・式をそれぞれ適切に答えなさい。

問1　2乗するとaになる数をaの平方根という。

正の数aの平方根は2つあり、正のほうを□□□、負のほうを□□□と表す。

例▶　5の平方根は□□□と□□□　　4の平方根は□□□と□□□

問2　平方根の式の計算では次のことが成り立つ。a, bが正の数のとき

【1】$\sqrt{a^2}=$□□□　$(\sqrt{a})^2=$□□□　【2】$\sqrt{a}\times\sqrt{b}=$□□□

【3】$\dfrac{\sqrt{a}}{\sqrt{b}}=\sqrt{\dfrac{\boxed{}}{\boxed{}}}$

問3　$\sqrt{}$のなかが同じ数の和や差は同類項の計算と同じように考えることができる。

例▶　$5\sqrt{3}+2\sqrt{3}=$□□□

$\sqrt{}$のなかが違う数の和や差は$\sqrt{}$のなかを同じ数にしてから計算する。

例▶　$\sqrt{8}+\sqrt{18}=$□□□

問4　分母に根号を含まない式になるように変形することを、分母の有理化といい、そのためには分母と分子に同じ数を掛ける。

例▶　$\dfrac{2}{\sqrt{3}}=\dfrac{\boxed{}}{\boxed{}}$

問5　分母が$\sqrt{a}+\sqrt{b}$や$\sqrt{a}-\sqrt{b}$のように平方根の和や差で表される場合は、

$(\sqrt{a}+\sqrt{b})(\sqrt{a}-\sqrt{b})=$□□□を利用して有理化する。

例▶　$\dfrac{1}{\sqrt{5}+\sqrt{2}}=\dfrac{\boxed{}-\boxed{}}{\boxed{}}$

🔍解答

問1：$\sqrt{a}$, $-\sqrt{a}$, $\sqrt{5}$, $-\sqrt{5}$, 2, -2　　問2：a, a, $\sqrt{ab}$, $\sqrt{\dfrac{a}{b}}$

問3：$7\sqrt{3}$, $5\sqrt{2}$　　問4：$\dfrac{2\sqrt{3}}{3}$　　問5：$a-b$, $\dfrac{\sqrt{5}-\sqrt{2}}{3}$

Jump | レベルアップ問題

各問の設問文を読み、問題に答えなさい。

問1 次の式を計算しなさい。

(1) $\sqrt{2} \times \sqrt{5}$ (2) $-3\sqrt{7} + 10\sqrt{7}$ (3) $\sqrt{8} - \sqrt{32} + \sqrt{18}$

問2 次の計算をしなさい。

(1) $\sqrt{3}(4\sqrt{2} + \sqrt{3})$ (2) $(\sqrt{10} + 3)(\sqrt{10} - 3)$ (3) $(\sqrt{5} - \sqrt{2})^2$

問3 次の式の分母を有理化しなさい。

(1) $\dfrac{1}{\sqrt{7}}$ (2) $\dfrac{\sqrt{5}}{\sqrt{3}}$ (3) $\dfrac{3\sqrt{7}}{\sqrt{2}}$ (4) $\dfrac{\sqrt{6}}{4\sqrt{3}}$

問4 次の式の分母を有理化しなさい。

(1) $\dfrac{1}{\sqrt{5} - \sqrt{3}}$ (2) $\dfrac{5}{\sqrt{3} + 1}$

問5 $x = \dfrac{1}{\sqrt{6} + \sqrt{5}}$, $y = \dfrac{1}{\sqrt{6} - \sqrt{5}}$ のとき、$x + y$ の値を求めなさい。

解答・解説

問1　　√のなかが違う数の和や差は、√のなかを同じ数にしてから計算します。

(1) $\sqrt{2} \times \sqrt{5} = \sqrt{2 \times 5} = \sqrt{10}$

(2) $-3\sqrt{7} + 10\sqrt{7} = (-3 + 10)\sqrt{7} = 7\sqrt{7}$

(3)
$$\sqrt{8} - \sqrt{32} + \sqrt{18} = \sqrt{4} \times \sqrt{2} - \sqrt{16} \times \sqrt{2} + \sqrt{9} \times \sqrt{2}$$
$$= 2\sqrt{2} - 4\sqrt{2} + 3\sqrt{2}$$
$$= (2 - 4 + 3)\sqrt{2}$$
$$= \sqrt{2}$$

問2　　分配法則や乗法公式を利用して計算します。

(1) 分配法則 $a(b+c) = ab + ac$ を利用して計算します。

$$\sqrt{3}(4\sqrt{2} + \sqrt{3}) = \sqrt{3} \times 4\sqrt{2} + \sqrt{3} \times \sqrt{3}$$
$$= 4 \times \sqrt{2} \times \sqrt{3} + \sqrt{3} \times \sqrt{3}$$
$$= 4\sqrt{6} + 3$$

(2) 乗法公式【2】 $(a+b)(a-b) = a^2 - b^2$ を利用して計算します。

$$(\sqrt{10} + 3)(\sqrt{10} - 3) = (\sqrt{10})^2 - 3^2$$
$$= 10 - 9$$
$$= 1$$

(3) 乗法公式【1】 $(a-b)^2 = a^2 - 2ab + b^2$ を利用して計算します。

$$(\sqrt{5} - \sqrt{2})^2 = (\sqrt{5})^2 - 2 \times \sqrt{5} \times \sqrt{2} + (\sqrt{2})^2$$
$$= 5 - 2 \times \sqrt{5 \times 2} + 2$$
$$= 5 + 2 - 2\sqrt{10}$$
$$= 7 - 2\sqrt{10}$$

問3 分母を有理化するには分母と分子に同じ数を掛けます。

(1) $\dfrac{1}{\sqrt{7}} = \dfrac{1 \times \sqrt{7}}{\sqrt{7} \times \sqrt{7}} = \dfrac{\sqrt{7}}{7}$

(2) $\dfrac{\sqrt{5}}{\sqrt{3}} = \dfrac{\sqrt{5} \times \sqrt{3}}{\sqrt{3} \times \sqrt{3}} = \dfrac{\sqrt{15}}{3}$

(3) $\dfrac{3\sqrt{7}}{\sqrt{2}} = \dfrac{3\sqrt{7} \times \sqrt{2}}{\sqrt{2} \times \sqrt{2}} = \dfrac{3\sqrt{14}}{2}$

(4) $\dfrac{\sqrt{6}}{4\sqrt{3}} = \dfrac{\sqrt{6} \times \sqrt{3}}{4\sqrt{3} \times \sqrt{3}} = \dfrac{\sqrt{18}}{4 \times 3}$

$\qquad = \dfrac{\sqrt{9} \times \sqrt{2}}{4 \times 3} = \dfrac{3\sqrt{2}}{12} = \dfrac{\sqrt{2}}{4}$

問4 分母が $\sqrt{a} + \sqrt{b}$ や $\sqrt{a} - \sqrt{b}$ のように平方根の和や差で表される場合は、

$(\sqrt{a} + \sqrt{b})(\sqrt{a} - \sqrt{b}) = (\sqrt{a})^2 - (\sqrt{b})^2 = a - b$ を利用して有理化します。

(1) $\dfrac{1}{\sqrt{5} - \sqrt{3}} = \dfrac{1(\sqrt{5} + \sqrt{3})}{(\sqrt{5} - \sqrt{3})(\sqrt{5} + \sqrt{3})} = \dfrac{\sqrt{5} + \sqrt{3}}{(\sqrt{5})^2 - (\sqrt{3})^2} = \dfrac{\sqrt{5} + \sqrt{3}}{5 - 3}$

$\qquad = \dfrac{\sqrt{5} + \sqrt{3}}{2}$

(2) $\dfrac{5}{\sqrt{3} + 1} = \dfrac{5(\sqrt{3} - 1)}{(\sqrt{3} + 1)(\sqrt{3} - 1)} = \dfrac{5 \times \sqrt{3} + 5 \times (-1)}{(\sqrt{3})^2 - 1^2} = \dfrac{5\sqrt{3} - 5}{3 - 1}$

$\qquad = \dfrac{5\sqrt{3} - 5}{2}$

問5 通分して分母を $(\sqrt{6} + \sqrt{5})(\sqrt{6} - \sqrt{5})$ にそろえて計算していきます。

$x + y = \dfrac{1}{\sqrt{6} + \sqrt{5}} + \dfrac{1}{\sqrt{6} - \sqrt{5}}$

$\qquad = \dfrac{1(\sqrt{6} - \sqrt{5})}{(\sqrt{6} + \sqrt{5})(\sqrt{6} - \sqrt{5})} + \dfrac{1(\sqrt{6} + \sqrt{5})}{(\sqrt{6} - \sqrt{5})(\sqrt{6} + \sqrt{5})}$

$\qquad = \dfrac{(\sqrt{6} - \sqrt{5}) + (\sqrt{6} + \sqrt{5})}{(\sqrt{6} + \sqrt{5})(\sqrt{6} - \sqrt{5})} = \dfrac{\sqrt{6} - \sqrt{5} + \sqrt{6} + \sqrt{5}}{(\sqrt{6})^2 - (\sqrt{5})^2}$

$\qquad = \dfrac{\sqrt{6} + \sqrt{6} - \sqrt{5} + \sqrt{5}}{6 - 5} = \dfrac{2\sqrt{6}}{1} = 2\sqrt{6}$

4. 方程式と不等式

ある数に1を足すと3になるとき、ある数はいくつになるでしょうか。ある数を x としてこれを式に表すと、$x+1=3$ となり、このような等号で結ばれた式を等式といいます。第4節では、等式や不等式の解き方（式を成り立たせる x の値や範囲の求め方）を学んでいきましょう。

 Hop | 重要事項

1次方程式

等式 $x+1=3$ は、$x=2$ のときのみ成り立ち、このように文字に特定の数を代入したときに成り立つ等式を**方程式**といい、1次式で表された方程式を**1次方程式**といいます。

また、方程式を成り立たせる値を方程式の**解**といい、解を求めることを**方程式を解く**といいます。よって、1次方程式 $x+1=3$ を解くと、解は $x=2$ となります。

1次方程式を解くには、次の等式の性質を利用します。

$A=B$ のとき

① $A+C=B+C$

② $A-C=B-C$

③ $AC=BC$

④ $\dfrac{A}{C}=\dfrac{B}{C}\ (C\neq0)$

等式は両辺に同じ数を足したり、同じ数を引いたりしても成り立ちます。
また、等式は両辺に同じ数を掛けたり、同じ数で割ったりしても成り立ちます。
この性質を利用して $x+1=3$ を解いてみましょう。

$$x+1=3 \cdots\cdots ①$$
$$x+1-1=3-1$$
$$x=3-1 \cdots\cdots ②$$
$$x=2$$

　ここで、①と②を比べると、左辺にある＋1の項が、符号が変わり−1となって右辺に移動していることがわかります。このように、式の一方の辺にある項をその符号を変えて他方の辺に移すことを**移項**といい、1次方程式は移項を利用して解くことができます。移項するときは左辺（＝の左側）に文字の項、右辺（＝の右側）に数字の項がくるようにするとわかりやすいです。

例1 $x-2=5$
　　左辺の−2の項を右辺に移項して解きます。
$$x-2=5$$
$$x=5+2 \quad ← 移項したので符号が変わります。$$
$$x=7$$

例2 $2x-3=9$
　　左辺の−3の項を右辺に移項して解きます。
$$2x-3=9$$
$$2x=9+3 \quad ← 移項したので符号が変わります。$$
$$2x=12$$
$$2x÷2=12÷2 \quad ← 両辺を2で割ります。$$
$$x=6$$

例3 $2x=7x+10$
　　右辺の7xの項を左辺に移項して解きます。
$$2x=7x+10$$
$$2x-7x=10 \quad ← 移項したので符号が変わります。$$
$$-5x=10$$
$$-5x÷(-5)=10÷(-5) \quad ← 両辺を−5で割ります。$$
$$x=-2$$

例4 $5x-4=2x-9$
　　左辺の−4を右辺に、右辺の2xを左辺に移項して解きます。
$$5x-4=2x-9$$
$$5x-2x=-9+4 \quad ← 移項したので符号が変わります。$$
$$3x=-5$$
$$3x÷3=-5÷3 \quad ← 両辺を3で割ります。$$
$$x=-\frac{5}{3} \quad ← a÷b=\frac{a}{b}$$

例題 35　1次方程式

次の1次方程式を解きなさい。

(1) $x + 2 = -8$　　　　　　　　　(2) $-3x - 12 = 3$

(3) $6x = 16 + 4x$　　　　　　　　(4) $2x - 4 = 6x - 5$

解答と解説

(1) 左辺の $+2$ の項を右辺に移項して解きます。

$$x + 2 = -8$$
$$x = -8 - 2 \quad ← 移項したので符号が変わります。$$
$$\mathbf{x = -10}$$

(2) 左辺の -12 の項を右辺に移項して解きます。

$$-3x - 12 = 3$$
$$-3x = 3 + 12 \quad ← 移項したので符号が変わります。$$
$$-3x = 15$$
$$-3x \div (-3) = 15 \div (-3) \quad ← 両辺を -3 で割ります。$$
$$\mathbf{x = -5}$$

(3) 右辺の $4x$ の項を左辺に移項して解きます。

$$6x = 16 + 4x$$
$$6x - 4x = 16 \quad ← 移項したので符号が変わります。$$
$$2x = 16$$
$$2x \div 2 = 16 \div 2 \quad ← 両辺を 2 で割ります。$$
$$\mathbf{x = 8}$$

(4) $2x - 4 = 6x - 5$　左辺の -4 を右辺に、右辺の $6x$ を左辺に移項して解きます。

$$2x - 4 = 6x - 5$$
$$2x - 6x = -5 + 4 \quad ← 移項したので符号が変わります。$$
$$-4x = -1$$
$$-4x \div (-4) = -1 \div (-4) \quad ← 両辺を -4 で割ります。$$
$$\mathbf{x = \dfrac{1}{4}} \quad ← a \div b = \dfrac{a}{b}$$

🔔 不等式

数量の大小関係を表す符号を**不等号**といいます。不等号には $<$, $>$, $\leqq$, $\geqq$ があり、次のような意味があります。

$$a < b \cdots\cdots a \text{ は } b \text{ より小さい（} a \text{ は } b \text{ 未満である）。}$$
$$a > b \cdots\cdots a \text{ は } b \text{ より大きい。}$$
$$a \leqq b \cdots\cdots a \text{ は } b \text{ 以下である。}$$
$$a \geqq b \cdots\cdots a \text{ は } b \text{ 以上である。}$$

また、数量の大小関係を不等号を用いて表した式を**不等式**といいます。
たとえば、「x に 3 を掛けた数は 20 より小さい」を不等式で表すと、
$3x < 20$ となります。

例題 36 不等式

次の文を不等式で表しなさい。

(1) x は 100 以上である。

(2) x に 3 を足した数は 50 より大きい。

(3) 1 本 120 円のボールペンを x 本と、100 円の消しゴムを 1 個買った代金は 500 円以下である。

解答と解説

(1) x は 100 以上であるので、不等式は $x \geqq 100$ となります。

(2) x に 3 を足した数は $x+3$ と表され、それが 50 より大きいので、
  不等式は $x+3 > 50$ となります。

(3) 120 円のボールペンを x 本と消しゴムを買ったときの代金は、
  $120x + 100$（円）と表され、それが 500 円以下であるので、
  不等式は $120x + 100 \leqq 500$ となります。

🔔 不等式の性質

①不等式の両辺に同じ数を足したり、同じ数を引いたりしてみます。

例1 不等式 $4<8$ の両辺に 2 を足すと

左辺は $4+2=6$, 右辺は $8+2=10$ となり

左辺と右辺の大小関係は変わらないので不等号の向きは変わりません。

$$4+2<8+2$$

例2 不等式 $4<8$ の両辺に 2 を引くと

左辺は $4-2=2$, 右辺は $8-2=6$ となり

左辺と右辺の大小関係は変わらないので不等号の向きは変わりません。

$$4-2<8-2$$

②不等式の両辺に同じ正の数を掛けたり、両辺を同じ正の数で割ったりしてみます。

例1 不等式 $4<8$ の両辺に 2 を掛けると

左辺は $4\times2=8$, 右辺は $8\times2=16$ となり

左辺と右辺の大小関係は変わらないので不等号の向きは変わりません。

$$4\times2<8\times2$$

例2 不等式 $4<8$ の両辺に 2 で割ると

左辺は $4\div2=2$, 右辺は $8\div2=4$ となり

左辺と右辺の大小関係は変わらないので不等号の向きは変わりません。

$$4\div2<8\div2$$

③不等式の両辺に同じ負の数を掛けたり、両辺を同じ負の数で割ったりしてみます。

例1 不等式 $4<8$ の両辺に -2 を掛けると

左辺は $4\times(-2)=-8$, 右辺は $8\times(-2)=-16$ となり

左辺と右辺の大小関係は変わるので不等号の向きが変わります。

$$4\times(-2)>8\times(-2)$$

例2 不等式 $4<8$ の両辺に -2 で割ると

左辺は $4\div(-2)=-2$, 右辺は $8\div(-2)=-4$ となり

左辺と右辺の大小関係は変わるので不等号の向きが変わります。

$$4\div(-2)>8\div(-2)$$

よって、不等式には次の性質があることがわかります。

$A < B$ のとき

① $A + C < B + C,\ A - C < B - C$

② $C > 0$ ならば $AC < BC,\ \dfrac{A}{C} < \dfrac{B}{C}$

③ $C < 0$ ならば $AC > BC,\ \dfrac{A}{C} > \dfrac{B}{C}$

不等式は両辺に同じ数を足し引きしたり、同じ正の数を掛けたり同じ正の数で割ったりしても、不等号の向きは変わりませんが、**同じ負の数を掛けたり同じ負の数で割ったりすると、不等号の向きが変わります。**

例題37 不等式の性質

$a < b$ のとき□にあてはまる不等号を答えなさい。

(1) $a + 5\ \square\ b + 5$　　　　　　　　(2) $a - 3\ \square\ b - 3$

(3) $4a\ \square\ 4b$　　　　　　　　　　　(4) $-\dfrac{1}{2}a\ \square\ -\dfrac{1}{2}b$

解答と解説

(1) 不等式の性質①より、同じ数を足しても不等号の向きは変わりません。

　　$a + 5 < b + 5$

(2) 不等式の性質①より、同じ数を引いても不等号の向きは変わりません。

　　$a - 3 < b - 3$

(3) 不等式の性質②より、同じ正の数を掛けても不等号の向きは変わりません。

　　$4a < 4b$

(4) 不等式の性質③より、同じ負の数で割ると不等号の向きが変わります。

　　$-\dfrac{1}{2}a > -\dfrac{1}{2}b$

1次不等式の解き方（1）

ある数 x を -2 倍して 3 引いた数が 9 より小さいとき、ある数の値の範囲はどうなるでしょうか。これを不等式で表すと $-2x-3<9$ となり、このような不等式を **1次不等式** といいます。不等式にあてはまる x の値の範囲をその不等式の **解** といい、1次不等式は1次方程式と同様に移項して解く（不等式の解を求める）ことができます。

例　$-2x-3<9$　左辺の -3 の項を右辺に移項して解きます。

$$-2x-3<9$$
$$-2x<9+3 \quad \leftarrow 移項したので符号が変わります。$$
$$-2x<12$$
$$-2x \div (-2) > 12 \div (-2) \quad \leftarrow 両辺を -2 で割り、不等号の向きを変えます。$$
$$x>-6$$

よって、1次不等式 $-2x-3<9$ の解は $x>-6$ となります。
負の数で割るときは不等号の向きが変わる ことに気を付けましょう。

例題38 1次不等式の解き方（1）

次の不等式を解きなさい。

(1) $3x+2<8$　　　　　　　　(2) $6x-2 \geqq 2x-14$

(3) $-2x-4>3x+6$　　　　　(4) $3x+4 \leqq 5x-8$

解答と解説

(1) 左辺の $+2$ の項を右辺に移項して解きます。
$$3x+2<8$$
$$3x<8-2$$
$$3x<6$$
$$3x \div 3 < 6 \div 3$$
$$x<2$$

(2) 左辺の -2 の項を右辺に、右辺の $2x$ の項を左辺に移項して解きます。
$$6x-2 \geqq 2x-14$$
$$6x-2x \geqq -14+2$$
$$4x \geqq -12$$
$$4x \div 4 \geqq -12 \div 4$$
$$x \geqq -3$$

(3) 左辺の -4 の項を右辺に、右辺の $3x$ の項を左辺に移項して解きます。

$$-2x-4>3x+6$$
$$-2x-3x>6+4$$
$$-5x>10$$
$$-5x \div (-5) < 10 \div (-5) \quad \leftarrow 両辺を-5で割り、不等号の向きを変えます。$$
$$x<-2$$

(4) 左辺の $+4$ の項を右辺に、右辺の $5x$ の項を左辺に移項して解きます。

$$3x+4 \leqq 5x-8$$
$$3x-5x \leqq -8-4$$
$$-2x \leqq -12$$
$$-2x \div (-2) \geqq -12 \div (-2) \quad \leftarrow 両辺を-2で割り、不等号の向きを変えます。$$
$$x \geqq 6$$

✎ 1次不等式の解き方（2）

不等式にかっこを含んでいる場合は分配法則でかっこをはずしてから解きます。

小数や分数が含まれている場合はすべて整数になるように変形して解きます。

例1 $4(x-2)<12$　左辺のかっこをはずしてから解きます。

$$4(x-2)<12 \quad \leftarrow 分配法則でかっこをはずします。$$
$$4 \times x + 4 \times (-2) < 12$$
$$4x-8<12 \quad \leftarrow -8を右辺に移項します。$$
$$4x<12+8 \quad \leftarrow 移項したので符号が変わります。$$
$$4x<20$$
$$4x \div 4 < 20 \div 4 \quad \leftarrow 両辺を4で割ります。$$
$$x<5$$

例2 $0.6x>0.4x+1.8$　整数になるように変形してから解きます。

$$0.6x>0.4x+1.8 \quad \leftarrow 整数になるように両辺に10を掛けます。$$
$$0.6x \times 10 > (0.4x+1.8) \times 10 \quad \leftarrow 分配法則でかっこをはずします。$$
$$0.6x \times 10 > 0.4x \times 10 + 1.8 \times 10$$
$$6x>4x+18 \quad \leftarrow 4xを右辺に移項します。$$

$$6x-4x>18 \quad \text{←移項したので符号が変わります。}$$
$$2x>18$$
$$2x \div 2>18 \div 2 \quad \text{←両辺を2で割ります。}$$
$$x>9$$

例3 $-\dfrac{2}{3}x+4<2$　整数になるように変形してから解きます。

$$-\dfrac{2}{3}x+4<2 \quad \text{←整数になるように両辺に3を掛けます。}$$
$$(-\dfrac{2}{3}x+4)\times 3<2\times 3 \quad \text{←分配法則でかっこをはずします。}$$
$$-\dfrac{2}{3}x\times 3+4\times 3<2\times 3$$
$$-2x+12<6 \quad \text{←12を右辺に移項します。}$$
$$-2x<6-12 \quad \text{←移項したので符号が変わります。}$$
$$-2x<-6$$
$$-2x\div(-2)>-6\div(-2) \quad \text{←両辺を-2で割り不等号の向きを変えます。}$$
$$x>3$$

例題39　1次不等式の解き方（2）

次の不等式を解きなさい。

(1) $3(x-4)<6$

(2) $0.4x>1.2x+1.6$

(3) $\dfrac{2}{5}x+1\leqq 3$

(4) $\dfrac{2x+4}{3}\geqq x$

解答と解説

(1) 左辺のかっこをはずしてから解きます。

$$3(x-4)<6 \quad \text{←分配法則でかっこをはずします。}$$
$$3\times x+3\times(-4)<6$$
$$3x-12<6 \quad \text{←-12を右辺に移項します。}$$
$$3x<6+12$$
$$3x<18$$
$$3x\div 3<18\div 3 \quad \text{←両辺を3で割ります。}$$
$$x<6$$

(2) 整数になるように変形してから解きます。

$$0.4x > 1.2x + 1.6 \quad \text{←整数になるように両辺に 10 を掛けます。}$$

$$0.4x \times 10 > (1.2x + 1.6) \times 10 \quad \text{←分配法則でかっこをはずします。}$$

$$0.4x \times 10 > 1.2x \times 10 + 1.6 \times 10$$

$$4x > 12x + 16 \quad \text{←} 12x \text{を左辺に移項します。}$$

$$4x - 12x > 16$$

$$-8x > 16$$

$$-8x \div (-8) < 16 \div (-8) \quad \text{←両辺を} -8 \text{で割り不等号の向きを変えます。}$$

$$x < -2$$

(3) 整数になるように変形してから解きます。

$$\frac{2}{5}x + 1 \leqq 3 \quad \text{←整数になるように両辺に 5 を掛けます。}$$

$$\left(\frac{2}{5}x + 1\right) \times 5 \leqq 3 \times 5 \quad \text{←分配法則でかっこをはずします。}$$

$$\frac{2}{5}x \times 5 + 1 \times 5 \leqq 3 \times 5$$

$$2x + 5 \leqq 15 \quad \text{←} 5 \text{を右辺に移項します。}$$

$$2x \leqq 15 - 5$$

$$2x \leqq 10$$

$$2x \div 2 \leqq 10 \div 2 \quad \text{←両辺を 2 で割ります。}$$

$$x \leqq 5$$

(4) 整数になるように変形してから解きます。

$$\frac{2x+4}{3} \geqq x \quad \text{←整数になるように両辺に 3 を掛けます。}$$

$$\left(\frac{2x+4}{3}\right) \times 3 \geqq x \times 3 \quad \text{←分配法則でかっこをはずします。}$$

$$2x + 4 \geqq 3x \quad \text{←} 3x \text{を左辺に、4 を右辺に移項します。}$$

$$2x - 3x \geqq -4$$

$$-x \geqq -4$$

$$-1x \div (-1) \leqq -4 \div (-1) \quad \text{←両辺を} -1 \text{で割り、不等号の向きを変えます。}$$

$$x \leqq 4$$

🖋 不等式の文章題（1）

　1個50円のチョコと1個30円のあめを合わせて10個買い、代金の合計を400円以下にしたいとき、チョコは最大何個買えるかを考えてみましょう。

　チョコを最大 x 個買うことができるとすると、あめの個数は $(10-x)$ 個となります。このとき、チョコの代金は $50 \times x$ 円、あめの代金は $30 \times (10-x)$ 円、代金の合計は $50 \times x + 30 \times (10-x)$ と表せます。代金の合計を400円以下にしたいので、これを不等式で表すと

$$50x + 30(10-x) \leqq 400 \quad \text{となり、これを解くと}$$
$$50x + 30 \times 10 + 30 \times (-x) \leqq 400$$
$$50x + 300 - 30x \leqq 400$$
$$50x - 30x \leqq 400 - 300$$
$$20x \leqq 100$$
$$20x \div 20 \leqq 100 \div 20$$
$$x \leqq 5$$

よって、チョコは最大で **5個** 買えます。

例題40 不等式の文章題（1）

　1枚4000円の野球チケットと1枚2000円のサッカーチケットを合わせて20枚買い、代金の合計を60000円以内にしたいです。野球チケットをできるだけ多く買うとすると、野球チケットは最大何枚買えますか。

解答と解説

野球チケットを最大 x 枚買うことができるとすると、サッカーチケットの枚数は $(20-x)$ 枚となります。このとき、野球チケットの代金は $4000 \times x$ 円、サッカーチケットの代金は $2000 \times (20-x)$ 円、代金の合計は $4000 \times x + 2000 \times (20-x)$ と表せます。代金の合計を60000円以内にしたいので、これを不等式で表すと、

$$4000x + 2000(20-x) \leqq 60000 \quad \text{となり、これを解くと}$$
$$4x + 2(20-x) \leqq 60 \quad \leftarrow \text{両辺を1000で割ると計算が楽になります。}$$
$$4x + 2 \times 20 + 2 \times (-x) \leqq 60$$
$$4x + 40 - 2x \leqq 60$$
$$4x - 2x \leqq 60 - 40$$
$$2x \leqq 20$$
$$2x \div 2 \leqq 20 \div 2$$
$$x \leqq 10$$

よって、野球チケットは最大で **10枚** 買えます。

不等式の文章題（2）

あるスポーツクラブでは、一回当たりの利用料が 600 円ですが、月会費を 3500 円払って会員になることで、一回当たりの利用料が 400 円になります。月に最低何回利用すれば、会員になったほうが安くなるかを考えてみましょう。

スポーツクラブを月に x 回利用したとき、スポーツクラブの会員になる場合とならない場合のそれぞれの料金は、会員にならない場合は $600 \times x$ 円、会員になる場合は $3500 + 400 \times x$ 円と表すことができます。

（会員にならずに利用する料金）＞（会員になって利用する料金）となるように不等式で表すと、$600 \times x > 3500 + 400 \times x$　となり、これを解くと

$$600x > 3500 + 400x$$
$$600x - 400x > 3500$$
$$200x > 3500$$
$$200x \div 200 > 3500 \div 200$$
$$x > 17.5$$

よって、会員になったほうが安くなるのは、月に少なくとも **18 回以上**利用した場合となります。

例題41 **不等式の文章題（2）**

あるパン屋では年会費 1500 円を払うことで会員になることができ、会員は 1 年間 200 円のパンを 160 円で買うことができます。このパンを 1 年間に少なくとも何個買えば、会員になったほうが安くなりますか。

解答と解説

パンを x 個買ったとき、会員になる場合とならない場合のそれぞれの料金は、会員にならない場合は $200 \times x$ 円、会員になる場合は $1500 + 160 \times x$ 円と表すことができます。（会員にならずに買う料金）＞（会員になって買う料金）となるように不等式で表すと、

$$200 \times x > 1500 + 160 \times x　となり、これを解くと$$
$$200x > 1500 + 160x$$
$$200x - 160x > 1500$$
$$40x > 1500$$
$$40x \div 40 > 1500 \div 40$$
$$x > 37.5$$

よって、会員になったほうが安くなるのは、1 年間に少なくとも **38 個以上**買った場合となります。

Step｜基礎問題

各問の空欄に当てはまる用語・記号・式をそれぞれ適切に答えなさい。

問1　x についての方程式を成り立たせる x の値を、方程式の ☐ という。
また、式の一方の辺にある項をその符号を変えて他方の辺に移すことを ☐
といい、方程式はこれを用いて x の値を求めることができる。

例▶　$x+2=5$
$x=5-$ ☐
$x=$ ☐

問2　a は b より大きいを不等式で表すと a ☐ b となる。
a は b より小さいを不等式で表すと a ☐ b となる。
a は b 以上を不等式で表すと a ☐ b となる。
a は b 以下を不等式で表すと a ☐ b となる。

問3　「x に2を足した数は10より大きい」を不等式で表すと ☐ となる。

問4　不等式は両辺に同じ ☐ の数を掛けたり、同じ ☐ の数で割ったりしても
不等号の向きは変わらないが、両辺に同じ ☐ の数を掛けたり、同じ ☐
の数で割ったりすると不等号の向きが変わる。

例▶　$a>b$ のとき、
$a\times3$ ☐ $b\times3$
$a\times(-3)$ ☐ $b\times(-3)$

問5　不等式は1次方程式と同様に移項して解くことができる。

例▶　$x-2<5$
$x<5+$ ☐
$x<$ ☐

 解　答

問1：解, 移項, 2, 3　　　問2：＞, ＜, ≧, ≦
問3：$x+2>10$　　　問4：正, 正, 負, 負, ＞, ＜　　　問5：2, 7

Jump｜レベルアップ問題

各問の設問文を読み、問題に答えなさい。

問1　$a<b$ のとき□にあてはまる不等号を答えなさい。

(1) $a+3\,\square\,b+3$　　　　　(2) $a-7\,\square\,b-7$

(3) $-2a+3\,\square\,-2b+3$　　　(4) $-\dfrac{1}{5}a\,\square\,-\dfrac{1}{5}b$

問2　次の不等式を解きなさい。

(1) $-x+7>4x-3$　　　　(2) $3(x-4)<6x-6$

(3) $-1.2x>-0.5x-2.8$　　(4) $-\dfrac{x+1}{2}\geqq x+1$

問3　1個200円のみかんと1個160円のりんごを合わせて10個買い、代金の合計を1900円以下にしたいです。みかんは最大何個買えますか。

問4　現在、母親の年齢は45歳で2人の子どもの年齢はそれぞれ10歳と5歳です。子どもの年齢の和が初めて母親の年齢以上になるのは何年後ですか。

問5　ある卓球場では卓球台1台当たりの利用料金が300円ですが、入会金を500円払って会員になることで、1年間は1台当たりの利用料金を270円で利用することができます。入会して使用するほうが入会しないで利用するよりも安くなるのは、1年間に少なくとも何回以上利用した場合ですか。

問1　不等式は両辺に同じ正の数を掛けたり正の数で割ったりしても、不等号の向きは変わりませんが、**同じ負の数を掛けたり負の数で割ったりすると、不等号の向きが変わります。**

(1) 不等式の性質より、同じ数を足しても不等号の向きは変わりません。
$$a+3<b+3$$

(2) 不等式の性質より、同じ数を引いても不等号の向きは変わりません。
$$a-7<b-7$$

(3) 不等式の性質より、同じ負の数を掛けると不等号の向きが変わります。
$$-2a+3>-2b+3$$

(4) 不等式の性質より、同じ負の数で割ると不等号の向きが変わります。
$$-\frac{1}{5}a>-\frac{1}{5}b$$

問2　1次不等式は1次方程式と同様に移項して解きます。
負の数で割るときは不等号の向きが変わることに気を付けましょう。

(1) 左辺の$+7$の項を右辺に、右辺の$4x$の項を左辺に移項して解きます。
$$-x+7>4x-3$$
$$-x-4x>-3-7$$
$$-5x>-10$$
$$-5x\div(-5)<-10\div(-5)\quad\text{←負の数で割るときは不等号の向きが}$$
$$x<2\qquad\qquad\qquad\text{変わります。}$$

(2) 左辺のかっこをはずしてから解きます。
$$3(x-4)<6x-6\quad\text{←分配法則でかっこをはずします。}$$
$$3\times x+3\times(-4)<6x-6$$
$$3x-12<6x-6\quad\text{←}-12\text{を右辺に、}6x\text{を左辺に移項します。}$$
$$3x-6x<-6+12$$
$$-3x<6$$
$$-3x\div(-3)>6\div(-3)\quad\text{←負の数で割るときは不等号の向きが変わります。}$$
$$x>-2$$

(3) 整数になるように変形してから解きます。

$$-1.2x > -0.5x - 2.8 \quad \leftarrow\text{整数になるように両辺に }10\text{ を掛けます。}$$
$$-1.2\,x \times 10 > (-0.5x - 2.8) \times 10 \quad \leftarrow\text{分配法則でかっこをはずします。}$$
$$-1.2x \times 10 > -0.5x \times 10 + (-2.8) \times 10$$
$$-12x > -5x - 28 \quad \leftarrow -5x \text{ を左辺に移項します。}$$
$$-12x + 5x > -28$$
$$-7x > -28$$
$$-7x \div (-7) < -28 \div (-7) \quad \leftarrow\text{負の数で割るときは不等号の向きが}$$
$$x < 4 \qquad\qquad\qquad \text{変わります。}$$

(4) 整数になるように変形してから解きます。

$$-\frac{x+1}{2} \geqq x+1 \quad \leftarrow\text{整数になるように両辺に }2\text{ を掛けます。}$$
$$\left(-\frac{x+1}{2}\right) \times 2 \geqq (x+1) \times 2 \quad \leftarrow\text{分配法則でかっこをはずします。}$$
$$-(x+1) \geqq x \times 2 + 1 \times 2$$
$$-x - 1 \geqq 2x + 2 \quad \leftarrow -1 \text{ を右辺に、}2x \text{ を左辺に移項します。}$$
$$-x - 2x \geqq 2 + 1$$
$$-3x \geqq 3$$
$$-3x \div (-3) \leqq 3 \div (-3) \quad \leftarrow\text{両辺を }-3 \text{ で割り、不等号の向きを}$$
$$x \leqq -1 \qquad\qquad\qquad \text{変えます。}$$

問3　みかんを x 個買うとすると、りんごの個数は $(10-x)$ 個となります。
このとき、みかんの代金は $200 \times x$ 円、りんごの代金は $160 \times (10-x)$ 円、
代金の合計は $200 \times x + 160 \times (10-x)$ と表せます。
代金の合計を 1900 円以下にしたいので、これを不等式で表すと、

$$200x + 160(10-x) \leqq 1900 \quad \text{となり、これを解くと}$$
$$200x + 160 \times 10 + 160 \times (-x) \leqq 1900$$
$$200x + 1600 - 160x \leqq 1900$$
$$200x - 160x \leqq 1900 - 1600$$
$$40x \leqq 300$$
$$40x \div 40 \leqq 300 \div 40$$
$$x \leqq 7.5$$

x は正の整数となるので、みかんは**最大 7 個**買えます。

問4　x 年後に初めて子どもの年齢の和が母親の年齢以上になるとすると、
x 年後の母親の年齢は $45+x$ 歳、子どもの年齢はそれぞれ $10+x$ 歳、
$5+x$ 歳と表すことができます。

（子どもの年齢の和）≧（母親の年齢）となるように不等式で表すと

$(10+x)+(5+x) \geqq 45+x$　となり、これを解くと

$$15+2x \geqq 45+x$$
$$2x-x \geqq 45-15$$
$$x \geqq 30$$

よって、子どもの年齢の和が母親の年齢以上になるのは **30 年後** となります。

問5　1 年間に x 回卓球台を利用したとき、入会しない場合と入会した場合のそれ
ぞれの料金は、入会しないで利用する場合は $300 \times x$ 円、入会して利用する
場合は $500+270 \times x$ 円と表すことができます。

（入会しないで利用する料金）＞（入会して利用する料金）となるように不等式
で表すと、$300x > 500+270x$　となり、これを解くと

$$300x-270x > 500$$
$$30x > 500$$
$$30x \div 30 > 500 \div 30$$
$$x > 16.666 \cdots$$

よって、入会して利用するほうが入会しないで利用するよりも安くなるのは、
1 年間に少なくとも **17 回以上** 利用した場合となります。

第2章
集合と命題

1. 集合

「身長が170 cm 以上の人の集まり」のように、含まれる範囲が明確に定まるものの集まりを集合といいます。第2章の第1節では、集合についてその表し方や用語、記号について学習していきましょう。

Hop｜重要事項

集合と要素

集合を構成している一つひとつのものを**要素**といい、要素は { } 内に書き並べて表します。たとえば、1桁の正の偶数の集合を A とすると、集合 A の要素は、$A=\{2, 4, 6, 8\}$ と書き表されます。

また、x が集合 A の要素であるとき、x は集合 A に属するといい、$x \in A$ と表します。たとえば、2 は 1 桁の正の偶数の集合 A に属するので、$2 \in A$ と表されます。

例題 42 集合と要素

次の集合を、要素を書き並べて表しなさい。

(1) 1桁の正の奇数の集合 A

(2) 1以上10以下の3の倍数の集合 B

解答と解説

(1) 1桁の正の奇数の集合 A の要素は、

$A = \{1, 3, 5, 7, 9\}$

(2) 1以上10以下の3の倍数の集合 B の要素は、

$3 \times 1 = 3, 3 \times 2 = 6, 3 \times 3 = 9$ より、

$B = \{3, 6, 9\}$

💡 部分集合

2つの集合を考えてみましょう。集合 $A = \{2, 4, 6, 8, 10\}$ と集合 $B = \{4, 6, 8\}$ では、B の要素はすべて A の要素になっています。このように、集合 B の要素全体が集合 A の要素になっているとき、B は A の**部分集合**であるといい、$B \subset A$ または $A \supset B$ と表します（B は A に含まれているともいいます）。

部分集合 $B \subset A$

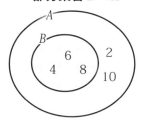

例題 43 部分集合

$A = \{1, 3, 4, 7, 9\}$ と次の集合との関係を記号 $\subset$, $\supset$ を使って表しなさい。

(1) $B = \{3, 4, 7, 9\}$

(2) $C = \{1, 3, 4, 5, 7, 9\}$

解答と解説

(1) B の要素はすべて A の要素になっているので B は A の部分集合です。よって、

　$B \subset A$ 　または　 $A \supset B$

(2) A の要素はすべて C の要素になっているので A は C の部分集合です。よって、

　$A \subset C$ 　または　 $C \supset A$

共通部分と和集合

2つの集合 A, B のどちらにも含まれる要素全体の集合を A と B の**共通部分**といい、$A \cap B$ と表します。たとえば、2つの集合 $A = \{1, 3, 5, 7\}$　$B = \{2, 3, 4, 7\}$ について、A と B のどちらにも含まれる要素は $\{3, 7\}$ なので $A \cap B = \{3, 7\}$ となります。

また、2つの集合 A, B の要素をすべて集めた集合を A と B の**和集合**といい、$A \cup B$ と表します。たとえば、2つの集合 $A = \{1, 3, 5, 7\}$　$B = \{2, 3, 4, 7\}$ について、A と B の要素をすべて集めた集合は $\{1, 2, 3, 4, 5, 7\}$ なので、$A \cup B = \{1, 2, 3, 4, 5, 7\}$ となります。

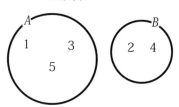

共通部分 $A \cap B$ 　　　　　　　　和集合 $A \cup B$

集合 $A = \{1, 3, 5\}$　集合 $B = \{2, 4\}$ とすると、A と B の共通部分には要素がありません。このように要素をひとつも含まない集合を**空集合**といい、記号 $\varnothing$ で表します。

空集合 $A \cap B = \varnothing$

例題44 共通部分と和集合

集合 $A = \{2, 4, 5, 9\}$　$B = \{1, 2, 6, 9\}$　$C = \{3, 5, 7, 8\}$ のとき次の要素を求めなさい。

(1) $A \cap B$

(2) $A \cup B$

(3) $B \cap C$

解答と解説

(1) A と B の共通部分（どちらにも含まれる要素全体の集合）を考えると、

　　$A \cap B = \{2, 9\}$

(2) A と B の和集合（A と B の要素をすべて集めた集合）を考えると、

　　$A \cup B = \{1, 2, 4, 5, 6, 9\}$

(3) B と C の共通部分には要素がないので空集合（記号 $\varnothing$）を考えると、

　　$B \cap C = \varnothing$

全体集合と補集合

1つの集合 U を決めてその要素や部分集合を考える場合、U を**全体集合**といいます。

U の部分集合を A としたとき、U の要素で A に属さない要素全体の集合を A の**補集合**といい、$\overline{A}$ で表します。

たとえば、全体集合 $U = \{1, 2, 3, 4, 5, 6, 7\}$、$U$ の部分集合 $A = \{1, 3, 5, 7\}$ について、A の補集合 $\overline{A} = \{2, 4, 6\}$ となります。

補集合 $\overline{A}$

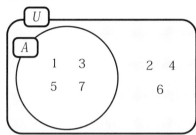

例題 45 全体集合と補集合 ────

全体集合 $U = \{1, 2, 3, 4, 5, 6, 7, 8\}$ $A = \{1, 3, 4, 5\}$ $B = \{2, 3, 5, 7\}$ のとき次の要素を求めなさい。

(1) $\overline{A}$

(2) $\overline{B}$

(3) $A \cap \overline{B}$

解答と解説

(1) A の補集合 (U の要素で A に属さない要素全体の集合) を考えます。

　$\overline{A} = \{2, 6, 7, 8\}$

(2) B の補集合 (U の要素で B に属さない要素全体の集合) を考えます。

　$\overline{B} = \{1, 4, 6, 8\}$

(3) A と B の共通部分 (どちらにも含まれる要素全体の集合) を考えます。

　$A = \{1, 3, 4, 5\}$ $\overline{B} = \{1, 4, 6, 8\}$ より

　$A \cap \overline{B} = \{1, 4\}$

$A \cap \overline{B}$

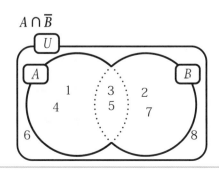

Step｜基礎問題

各問の空欄に当てはまる用語・記号・式をそれぞれ適切に答えなさい。

問1　含まれる範囲が明確に定まるものの集まりを□□□といい、これを構成している一つひとつのものを□□□という。

問2　集合Bの要素全体が集合Aの要素になっているとき、BはAの□□□であるといい、B□□□A、またはA□□□Bと表す。

問3　2つの集合A, Bのどちらにも含まれる集合をAとBの□□□といい、A□□□Bと表す。また、2つの集合A, Bの要素をすべて集めた集合をAとBの□□□といい、A□□□Bと表す。

問4　要素をひとつも含まない集合を□□□といい、記号□□□で表す。

問5　1つの集合Uを決めてその要素や部分集合を考える場合、Uを□□□という。Uの部分集合をAとしたとき、Uの要素でAに属さない要素全体の集合をAの□□□といい、□□□で表す。

解答

問1：集合, 要素　問2：部分集合, $\subset$, $\supset$　問3：共通部分, $\cap$, 和集合, $\cup$

問4：空集合, $\varnothing$　問5：全体集合, 補集合, $\overline{A}$

Jump レベルアップ問題

各問の設問文を読み、問題に答えなさい。

問1　次の集合を、要素を書き並べて表しなさい。

(1) 1以上30以下の5の倍数の集合 A

(2) 16の正の約数の集合 B

問2　全体集合 $U = \{1, 2, 3, 4, 5, 6, 7, 8, 9, 10\}$　$A = \{1, 2, 5, 7, 9\}$　$B = \{2, 4, 5, 8, 9\}$ のとき、次の要素を求めなさい。

(1) $A \cap B$

(2) $A \cup B$

(3) $\overline{B}$

(4) $\overline{A \cup B}$

(5) $A \cap \overline{B}$

解答・解説

問1 集合を構成する要素は{ }内に書き並べて表します。

(1) 1以上30以下の5の倍数の集合Aの要素は

$5 \times 1 = 5, 5 \times 2 = 10, 5 \times 3 = 15, 5 \times 4 = 20, 5 \times 5 = 25, 5 \times 6 = 30$ より、

$A = \{5, 10, 15, 20, 25, 30\}$

(2) 16の正の約数（16を割り切ることのできる整数）の集合Bの要素は

$16 \div 1 = 16, 16 \div 2 = 8, 16 \div 4 = 4, 16 \div 8 = 2, 16 \div 16 = 1$ より、

$B = \{1, 2, 4, 8, 16\}$

問2 $A \cap B$はAとBの共通部分、$A \cup B$はAとBの和集合、$\overline{A}$はAの補集合を表します。

(1) AとBのどちらにも含まれる要素全体の集合を考えると、

$A \cap B = \{2, 5, 9\}$

(2) AとBの要素をすべて集めた集合を考えると、

$A \cup B = \{1, 2, 4, 5, 7, 8, 9\}$

(3) Uの要素でBに属さない要素全体の集合を考えると、

$\overline{B} = \{1, 3, 6, 7, 10\}$

(4) Uの要素で$A \cup B$に属さない要素全体の集合を考えると、

$\overline{A \cup B} = \{3, 6, 10\}$

(5) AとBに属さない集合のどちらにも含まれる要素全体の集合を考えると、

$A \cap \overline{B} = \{1, 7\}$

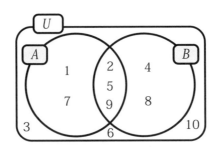

2. 命題

「100は偶数である」のように、正しいか正しくないかが明確に決まる文や式を命題といいます。第2節では、命題が正しいか正しくないかを調べる方法や命題に関する用語について学んでいきましょう。

Hop | 重要事項

🔍 命題と真偽

命題が正しいときその命題は**真**の命題といい、正しくないときその命題は**偽**の命題といいます。たとえば、「100 は偶数である」は真の命題であり、「100 は奇数である」は偽の命題となります。

例題 46 命題と真偽 ────────────

次の文のなかから命題であるものを選び、その真偽を答えなさい。

(1) 50 は 10 の倍数である。

(2) 0.1 は小さい数である。

(3) 偶数の 2 乗は奇数である。

解答と解説

(1) $10 \times 5 = 50$ なので、「50 は 10 の倍数である」は**真の命題**です。

(2)「0.1 は小さい数である」は、真偽が決まらないので**命題ではありません**。

(3) 偶数の 2 乗は必ず偶数になるので、「偶数の 2 乗は奇数である」は**偽の命題**です。

命題 $p \Rightarrow q$

命題には「$x=3$ ならば $x^2=9$ である」のように「p ならば q である」のかたちで表されるものがあり、このような命題は「$p \Rightarrow q$」と表します。

命題「$p \Rightarrow q$」が偽であることを示したい場合は、p は満たすが q は満たさない例を1つあげればよく、このような例を**反例**といいます。

たとえば、命題「$x^2=9 \Rightarrow x=3$」を考えてみましょう。$x^2=9$ であれば、$x=3$ であるといえるかというと、$x=-3$ の可能性もあります。$x=-3$ の場合、$x^2=9$ は満たしますが、$x=3$ は満たしません。よって、$x=-3$ という反例があるので、この命題は偽であるといえます。

例題 47 命題 $p \Rightarrow q$

次の命題の真偽を調べ、偽である場合は反例を1つあげなさい。

(1) $x=5 \quad \Rightarrow \quad 2x=10$

(2) $x^2=0 \quad \Rightarrow \quad x=0$

(3) $x<1 \quad \Rightarrow \quad x<-1$

解答と解説

(1) $x=5$ を $2x$ に代入すると、$2 \times 5 = 10$ となるので、

「$x=5 \quad \Rightarrow \quad 2x=10$」は、**真**の命題です。

(2) $x^2=0$ となる x の値は 0 のみなので、

「$x^2=0 \quad \Rightarrow \quad x=0$」は、**真**の命題です。

(3) $x=0$ のとき、$x<1$ は満たしますが、$x<-1$ は満たしません。

よって、$x=0$ という反例があるので、「$x<1 \quad \Rightarrow \quad x<-1$」は**偽**の命題です。

命題と集合

$p(-2<x<2)$ を満たす整数 x 全体の集合を P とすると $P=\{-1,0,1\}$

$q(-4<x<4)$ を満たす整数 x 全体の集合を Q とすると $Q=\{-3,-2,-1,0,1,2,3\}$

であり、$P\subset Q$(P は Q の部分集合)が成り立ちます。

また、x が整数のとき、命題「$p(-2<x<2)\Rightarrow q(-4<x<4)$」は真となります。

部分集合 $P\subset Q$

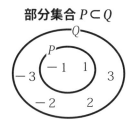

命題：$p(-2<x<2)\Rightarrow q(-4<x<4)$ が真

一般に、p を満たす集合を P, q を満たす集合を Q とすると、

命題「$p\Rightarrow q$」が真であることと、$P\subset Q$ であることは同じであるといえます。

例題48 命題と集合

集合を用いて次の命題の真偽を調べなさい。

(1) $-3<x<3\Rightarrow -1<x<1$ （x は整数）

(2) $-2<x<0\Rightarrow -3<x<2$ （x は整数）

解答と解説

(1) $-3<x<3$ を満たす集合を P, $-1<x<1$ を満たす集合を Q とすると、

$P\subset Q$ ではない（$Q\subset P$ となっている）ので、$-3<x<3\Rightarrow -1<x<1$ は、**偽**の命題です。

(2) $-2<x<0$ を満たす集合を P, $-3<x<2$ を満たす集合を Q とすると、

$P\subset Q$ となっているので、$-2<x<0\Rightarrow -3<x<2$ は、**真**の命題です。

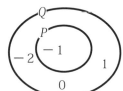

085

💡 必要条件と十分条件

命題「$p \Rightarrow q$」（p ならば q である）が真であるとき
p は q であるための**十分条件である**
q は p であるための**必要条件である**
といいます。

たとえば、Aさんが「東京にいる⇒日本にいる」（p：東京にいる　q：日本にいる）という命題を考えてみましょう。
Aさんが東京にいるのであれば、Aさんは確実に日本にいるといえるので、「東京にいる⇒日本にいる」は真です。
つまり、東京にいることは日本にいることを示すための十分な条件となるので、**「東京にいることは日本にいるための十分条件である」**といえます。
逆に、Aさんが日本にいるのであれば、Aさんが東京にいるといえるかというと、大阪や名古屋にいる可能性もあるので、確実に東京にいるとはいえません。よって、「日本にいる⇒東京にいる」は偽です。
つまり、日本にいることは、東京にいることを示すための必要な条件ですが、十分な条件であるとはいえないので、**「日本にいることは東京にいるための必要条件である」**といえます。

次に、「$x^2 = 4 \Rightarrow x = 2$」（$p$：$x^2 = 4$　q：$x = 2$）という命題を考えてみましょう。
$x^2 = 4$ であれば、$x = 2$ であるといえるかというと、$x = -2$ の可能性もあるので、確実に $x = 2$ であるとはいえません。よって、「$x^2 = 4$ である⇒$x = 2$ である」は偽です（反例：$x = -2$）。
つまり、$x^2 = 4$ は、$x = 2$ であることを示すための必要な条件ですが、十分な条件であるとはいえないので、**「$x^2 = 4$ であることは $x = 2$ であるための必要条件である」**といえます。
逆に $x = 2$ であれば、確実に $x^2 = 4$ であるといえるので、
「$x = 2$ である ⇒ $x^2 = 4$ である」は真です。よって、**「$x = 2$ であることは $x^2 = 4$ であるための十分条件である」**といえます。

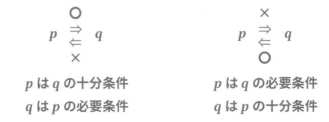

例題 49 必要条件と十分条件

次の（　　　）に「十分」「必要」のどちらがあてはまるか答えなさい。

(1) $x = 5$ は $x^2 = 25$ であるための（　　　）条件である。

(2) $x < 2$ は $x < -2$ であるための（　　　）条件である。

(3) n が 4 の倍数であることは、n が偶数であるための（　　　）条件である。

解答と解説

(1)「$x = 5 \Rightarrow x^2 = 25$」は真であるので、

　　$x = 5$ は $x^2 = 25$ であるための**十分**条件であるといえます。

(2)「$x < 2$ は $x < -2$」は反例（ $x = 1, 0, -1$ など）があるので偽です。

　　よって、$x < 2$ は $x < -2$ であるための**必要**条件であるといえます。

(3)「n が 4 の倍数 $\Rightarrow n$ が偶数」は真であるので、

　　n が 4 の倍数であることは、n が偶数であるための**十分**条件であるといえます。

必要十分条件

命題「$p \Rightarrow q$」（p ならば q である）と命題「$q \Rightarrow p$」（q ならば p である）がともに真であるとき、**p は q であるための必要十分条件である**、または**q は p であるための必要十分条件である**といいます。このことを「$p \Leftrightarrow q$」と表します。

たとえば、「$x = 0 \Rightarrow x^2 = 0$」（$p: x = 0$　$q: x^2 = 0$）という命題を考えてみましょう。
$x = 0$ であれば、確実に $x^2 = 0$ であるといえるので「$x = 0 \Rightarrow x^2 = 0$」は真です。
また、$x^2 = 0$ であれば、確実に $x = 0$ であるといえるので「$x^2 = 0 \Rightarrow x = 0$」も真です。
よって、**「$x = 0$ は $x^2 = 0$ であるための必要十分条件である」**、または**「$x^2 = 0$ は $x = 0$ であるための必要十分条件である」**といえます。

$$p \quad \begin{matrix} \bigcirc \\ \Rightarrow \\ \Leftarrow \\ \bigcirc \end{matrix} \quad q$$

p は q の必要条件
q は p の十分条件

例題 50 必要十分条件

次の（　　　　）に「十分」「必要」「必要十分」のどれがあてはまるか答えなさい。
(1) $x = 5$ は $2x = 10$ であるための（　　　　）条件である。
(2) n が 1 桁の奇数であることは、n が 3 であるための（　　　　）条件である。
(3) $x + 2 < 4$ は $x < 2$ であるための（　　　　）条件である。

解答と解説

(1)「$x = 5 \Rightarrow 2x = 10$」は真であり、
　「$2x = 10 \Rightarrow x = 5$」も真であるので
　$x = 5$ は $2x = 10$ であるための**必要十分**条件であるといえます。

(2)「n が 1 桁の奇数である $\Rightarrow n$ が 3 である」は反例（$n = 1, 5, 7, 9$)があるので偽です。
　よって、n が 1 桁の奇数であることは、n が 3 であるための**必要**条件であるといえます。

(3)「$x + 2 < 4 \Rightarrow x < 2$」は真であり、
　「$x < 2 \Rightarrow x + 2 < 4$」も真であるので
　$x + 2 < 4$ は $x < 2$ であるための**必要十分**条件であるといえます。

否定

条件 p に対して、「p ではない」を p の**否定**といい $\bar{p}$ で表します。

たとえば、「整数 n は偶数である」の否定は「整数 n は偶数ではない」つまり「整数 n は奇数である」となります。

「$x \geqq 1$」の否定は、「$x \geqq 1$ ではない」つまり「$x < 1$」となります。

「$x > 1$」の否定は、「$x > 1$ ではない」つまり「$x \leqq 1$」となります。

不等式の否定は、不等号の向きを変えるだけではないことに気を付けましょう。

例題 51 否定

次の条件の否定を答えなさい。

(1) 整数 n は奇数である

(2) $x \geqq 5$

(3) $x < 3$

解答と解説

(1)「整数 n は奇数である」の否定は「整数 n は奇数ではない」

つまり **「整数 n は偶数である」** となります。

(2)「$x \geqq 5$」の否定は「$x \geqq 5$ ではない」

つまり **「$x < 5$」** となります。

(3)「$x < 3$」の否定は「$x < 3$ ではない」

つまり **「$x \geqq 3$」** となります。

🔔 命題の逆

命題「$p \Rightarrow q$」（ p ならば q である）に対して、「$q \Rightarrow p$」（ q ならば p である）を、もとの命題の逆といいます。また、もとの命題が真であっても、その逆が真であるとは限りません。

たとえば、命題「$x = 2 \Rightarrow x^2 = 4$」は真であるが、その逆「$x^2 - 4 \Rightarrow x = 2$」は反例（ $x = -2$）があるので、偽となります。

例題 52 命題の逆 ────────────

次の条件の逆を答え、その真偽を調べなさい。

(1) $x < 0 \Rightarrow x < 3$

(2) x が 4 の倍数 $\Rightarrow x$ が偶数

(3) $x = 5 \Rightarrow 2x = 10$

解答と解説

(1) もとの命題の逆は「$x < 3 \Rightarrow x < 0$」で、**偽**となります（反例：$x = 2$ など）。

(2) もとの命題の逆は「**x が偶数 $\Rightarrow x$ が 4 の倍数**」で、**偽**となります（反例：$x = 2$ など）。

(3) もとの命題の逆は「**$2x = 10 \Rightarrow x = 5$**」で、**真**となります。

命題の対偶

命題「$p \Rightarrow q$」（p ならば q である）に対して、「$\overline{q} \Rightarrow \overline{p}$」（$q$ ではないならば p ではない）をもとの命題の**対偶**といいます。また、**命題が真であればその対偶も必ず真になります**。

たとえば、命題「x が 4 の倍数 $\Rightarrow x$ が偶数」は真であり、その対偶「x が偶数ではない（x が奇数）$\Rightarrow x$ が 4 の倍数ではない」も真になります。

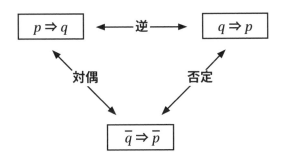

例題 53 命題の対偶

次の命題の対偶を答え、その真偽を調べなさい。

(1) x が 3 の倍数ではない $\Rightarrow x$ が 6 の倍数ではない

(2) $x < 2 \Rightarrow x < 0$

解答と解説

(1) もとの命題の対偶は **「x が 6 の倍数 $\Rightarrow x$ が 3 の倍数」** で、**真**となります。

(2) もとの命題の対偶は **「$x \geqq 0 \Rightarrow x \geqq 2$」** で、**偽**となります（反例：$x = 0$ など）。

Step｜基礎問題

各問の空欄に当てはまる用語・記号・式をそれぞれ適切に答えなさい。

問1　正しいか正しくないかが明確に決まる文や式を[　　　]といい、正しいときそれは[　　　]の命題といい、正しくないときは[　　　]の命題という。

問2　命題が偽であることを示したい場合は、p は満たすが q は満たさない例を1つあげればよく、このような例を[　　　]という。

問3　命題「$p \Rightarrow q$」（p ならば q である）が真であるとき p は q であるための[　　　]である、p は q であるための[　　　]であるという。命題「$p \Rightarrow q$」（p ならば q である）と命題「$q \Rightarrow p$」（q ならば p である）がともに真であるとき、p は q であるための[　　　]であるという。

問4　条件 p に対して、「p ではない」を p の[　　　]という。
命題「$p \Rightarrow q$」（p ならば q である）に対して、「$q \Rightarrow p$」（q ならば p である）を、もとの命題の[　　　]という。命題「$p \Rightarrow q$」（p ならば q である）に対して、「$\bar{q} \Rightarrow \bar{p}$」（$q$ ではないならば p ではない）をもとの命題の[　　　]という。

解　答

問1：命題, 真, 偽　問2：反例　問3：十分条件, 必要条件, 必要十分条件
問4：否定, 逆, 対偶

Jump｜レベルアップ問題

各問の設問文を読み、問題に答えなさい。

問1　次の命題の真偽を調べ、偽である場合は反例を1つあげなさい。

(1) $x = 3 \Rightarrow 2x + 4 = 10$

(2) $x^2 = 100 \Rightarrow x = 10$

(3) $x \leqq 3 \Rightarrow x^2 \leqq 9$

問2　次の（　　　）に「十分」「必要」「必要十分」のどれがあてはまるか答えなさい。

(1) $x = 7$ は $x^2 = 49$ であるための（　　　）条件である。

(2) n が偶数であることは n が6の倍数であるための（　　　）条件である。

(3) $x \geqq 2$ は $x \geqq 0$ であるための（　　　）条件である。

(4) 四角形で、4つの辺の長さが等しいことは正方形であるための（　　　）条件である。

(5) 三角形で3つの内角の大きさが等しいことは正三角形であるための（　　　）条件である。

問 3　　次の条件の否定を答えなさい。

(1) $x \geqq 5$

(2) x は正の数である

問 4　　次の命題の逆を答え、その真偽を調べなさい。

(1) $x < 5 \Rightarrow x < 3$

(2) x が 6 の倍数 $\Rightarrow x$ が 3 の倍数

(3) $x = 7,\ y = 3 \Rightarrow x + y = 10$

問 5　　次の命題の対偶を答え、その真偽を調べなさい。

(1) $x \geqq -3 \Rightarrow x \geqq 3$

(2) x が 4 の倍数ではない $\Rightarrow x$ が 8 の倍数ではない

解答・解説

問1　命題「$p \Rightarrow q$」（p ならば q である）が偽であることを示したい場合は、p は満たすが q は満たさない例（反例）をあげます。

(1) $x = 3$ を $2x + 4 = 10$ に代入すると、$2 \times 3 + 4 = 10$ となるので、
「$x = 3 \Rightarrow 2x + 4 = 10$」は、**真**の命題です。

(2) $x = -10$ のとき、$x^2 = 100$ は満たしますが、$x = 10$ は満たしません。
よって、**$x = -10$** という反例があるので、「$x^2 = 100 \Rightarrow x = 10$」は**偽**の命題です。

(3) $x = -4$ のとき、$x^2 = 16$ となり、$x \leqq 3$ は満たしますが、$x^2 \leqq 9$ は満たしません。よって、**$x = -4$** という反例があるので、「$x \leqq 3 \Rightarrow x^2 \leqq 9$」は**偽**の命題です。

問2　命題「$p \Rightarrow q$」が真であるとき、p は q であるための十分条件である、q は p であるための必要条件であるといい、命題「$p \Rightarrow q$」と「$q \Rightarrow p$」がともに真であるとき、p は q であるための必要十分条件であるといいます。

(1)「$x = 7 \Rightarrow x^2 = 49$」は真であるので、
$x = 7$ は $x^2 = 49$ であるための**十分**条件である。

(2)「n が偶数である $\Rightarrow n$ が6の倍数である」は反例（$x = 2, 4$ など）がある
ので、n が偶数であることは n が6の倍数であるための**必要**条件である。

(3)「$x \geqq 2 \Rightarrow x \geqq 0$」は真であるので、
$x \geqq 2$ は $x \geqq 0$ であるための**十分**条件である。

(4)「4つの辺の長さが等しい四角形 $\Rightarrow$ 正方形」は反例（ひし形）があるので、
四角形で、4つの辺の長さが等しいことは正方形であるための**必要**条件である。

(5)「3 つの内角の大きさが等しい三角形 ⇒ 正三角形」は真であり、
「正三角形 ⇒ 3 つの内角の大きさが等しい三角形」も真であるので
三角形で 3 つの内角の大きさが等しいことは正三角形であるための**必要十分条件**である。

問3 条件 p に対して「p ではない」を p の否定といいます。
不等式の否定は不等号の向きを変えるだけではないことに気を付けましょう。

(1)「$x \geqq 5$」の否定は「$x \geqq 5$ ではない」つまり「**$x < 5$**」となります。

(2)「x は正の数である」の否定は「x は正の数ではない」つまり「**x は 0 以下の数**」
となります。※x は 0 を含むので「x は負の数である」ではありません。

問4 命題「$p \Rightarrow q$」に対して、「$q \Rightarrow p$」をもとの命題の逆といいます。
もとの命題が真であっても、その逆が真であるとは限りません。

(1) もとの命題の逆は「**$x < 3 \Rightarrow x < 5$**」で、真となります。

(2) もとの命題の逆は「**x が 3 の倍数 ⇒ x が 6 の倍数**」で、**偽**となります。
（反例：$x = 3, 9$ など）

(3) もとの命題の逆は「**$x + y = 10 \Rightarrow x = 7, y = 3$**」で、**偽**となります。
（反例：$x = 8, y = 2$ など）

問5 命題「$p \Rightarrow q$」に対して、「$\overline{q} \Rightarrow \overline{p}$」をもとの命題の対偶といいます。
もとの命題が真であればその対偶も必ず真になります。

(1) もとの命題の対偶は「**$x < 3 \Rightarrow x < -3$**」で、**偽**となります。
（反例：$x = 1, 2$ など）

(2) もとの命題の対偶は「**x が 8 の倍数 ⇒ x が 4 の倍数**」で、**真**となります。

第3章
2次関数

1. 2次関数とグラフ

時速100kmで走る列車は、2時間走れば200km、5時間走れば500km進むというように、走る時間によって進む道のりが定まります。第3章では、ある値が決まればそれに対応してもう一つの値も決まるような関係について学習していきましょう。

🚩 Hop｜重要事項

関数の定義

1個100円の商品を x 個買ったときの代金を y 円とすると、

代金＝1個当たりの値段×個数で求められるので、x（個数）と y（代金）の関係は $y = 100x$ と表されます。

よって、$x = 2$ のとき（商品を2個買ったとき）、$y = 200$（代金は $100 \times 2 = 200$ 円）となり、$x = 3$ のとき $y = 300$、$x = 4$ のとき $y = 400$……となり、このように x の値を定めるとそれに対応して y の値がただ1つに決まるとき、**y は x の関数である**といいます。

例題54 関数の定義

次のうち、y が x の関数であるものを選び、x と y の関係を式で表しなさい。

(1) たてが $5cm$、横が $x\,cm$ の長方形の面積 $y\,cm^2$

(2) 1個のさいころを x 回投げたときのさいころの目の和 y

(3) 分速 $90m$ で x 分歩いたときに進んだ道のり $y\,m$

解答と解説

(1) 長方形の面積＝（たての長さ）×（横の長さ）で求められるので

　y は x の関数であり、$y = 5x$ と表されます。

(2) さいころを投げた回数でさいころの目の和はただ1つに決まらないので、

　y は x の関数ではありません。

(3) 道のり＝（速さ）×（時間）で求められるので

　y は x の関数であり、$y = 90x$ と表されます。

💡 1次関数

$y=2x$ や $y=-3x+2$ のように、y が x の1次式で表されるとき、y は x の **1次関数** であるといいます。y が x の1次関数であるとき、x の値に対応する y の値を求めてみましょう。

例▶ $y=2x+1$
$x=3$ のとき、$y=2\times3+1=7$
$x=-3$ のとき、$y=2\times(-3)+1=-5$
$x=0$ のとき、$y=2\times0+1=1$

例題 55 1次関数

y が x の1次関数で $y=-3x+4$ のとき、次の x の値に対応する y の値を求めなさい。
(1) $x=2$
(2) $x=-1$
(3) $x=\dfrac{1}{3}$

解答と解説

(1) $x=2$ のとき、$y=-3\times2+4=-2$

(2) $x=-1$ のとき、$y=-3\times(-1)+4=3+4=7$

(3) $x=\dfrac{1}{3}$ のとき、$y=-3\times\dfrac{1}{3}+4=-1+4=3$

🔖 1次関数のグラフ

$y = 2x + 3$ をグラフに書いてみましょう。まず x の値に対応する y の値を求めて表を作ると次のようになります。

$y = 2x + 3$

x	-3	-2	-1	0	1	2
y	-3	-1	1	3	5	7

この表をもとに、対応する x, y の値を座標とする点 (x, y) を結んでグラフを書くと、下の図のような直線になります。

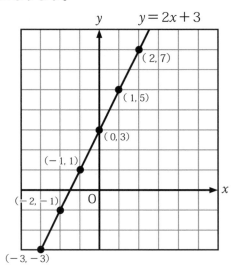

1次関数は一般に $y = ax + b$ の形に表され、$y = ax + b$ のグラフは次のような直線になります。

$a > 0$ 右上がりの直線

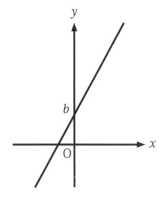

$a < 0$ 右下がりの直線

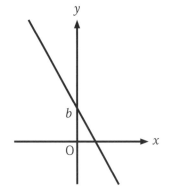

例題56 1次関数のグラフ

次の1次関数のグラフを書きなさい。

(1) $y = 2x - 1$

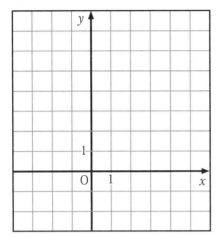

(2) $y = -3x + 1$

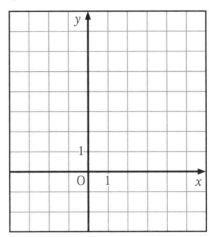

解答と解説

(1) $a > 0$

　→ 右上がりの直線になります。

$y = 2x - 1$

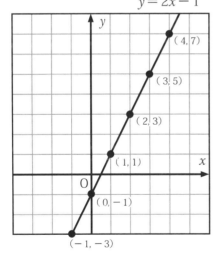

(2) $a < 0$

　→ 右下がりの直線になります。

$y = -3x + 1$

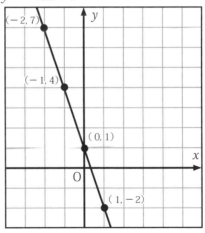

🔋 ２次関数

一辺の長さが x cm の正方形の面積を y cm² とすると、

（正方形の面積）＝（一辺の長さ）×（一辺の長さ）より、x と y の関係を式で表すと

$y = x \times x$　　すなわち　　$y = x^2$　となります。

このように y が x の２次式で表されるとき、y は x の **２次関数** であるといいます。

２次関数は $y = ax^2 + bx + c$ $(a \neq 0)$ の形に表され、この形を **一般形** といいます。

例1　$y = 2x^2 + 1$　$(a = 2, b = 0, c = 1)$

例2　$y = 2x^2 + 3x$　$(a = 2, b = 3, c = 0)$

例3　$y = 2x^2 + 3x + 1$　$(a = 2, b = 3, c = 1)$

例題 57 ２次関数

次のうち、y が x の２次関数であるものを選び、x と y の関係を式で表しなさい。

(1) たてが x cm, 横が $2x$ cm の長方形の面積 y cm²

(2) 底辺が 6 cm, 高さが x cm の三角形の面積 y cm²

(3) 底辺が x cm, 高さが $x + 3$ cm の平行四辺形の面積 y cm²

解答と解説

(1)（長方形の面積）＝（たての長さ）×（横の高さ）より

　　$y = x \times 2x$　　すなわち　　$y = 2x^2$　と表され、**２次関数** になります。

(2)（三角形の面積）＝（底辺の長さ）×（高さ）より

　　$y = 6 \times x \div 2$　　すなわち　　$y = 3x$　と表され、**１次関数** になります。

(3)（平行四辺形の面積）＝（底辺の長さ）× x（高さ）より

　　$y = x \times (x + 3)$　　すなわち　　$y = x^2 + 3x$　と表され、**２次関数** になります。

💡 $y = ax^2$ のグラフ

2次関数 $y = x^2$ について、x の値に対応する y の値を求めてみましょう。

たとえば、$x = 2$　のとき　$y = 2^2 = 4$

　　　　　$x = -3$ のとき　$y = (-3)^2 = 9$　となります。

このように、x の値に対応する y の値を求めて表を作ると次のようになります。

$y = x^2$

x	-3	-2	-1	0	1	2	3
y	9	4	1	0	1	4	9

同様に2次関数 $y = -x^2$ について、x の値に対応する y の値を求めてみましょう。

たとえば、$x = 3$　のとき、　$y = -1 \times 3^2 = -9$

　　　　　$x = -2$ のとき、　$y = -1 \times (-2)^2 = -4$　となります。

このように、x の値に対応する y の値を求めて表を作ると次のようになります。

$y = -x^2$

x	-3	-2	-1	0	1	2	3
y	-9	-4	-1	0	-1	-4	-9

2次関数のグラフは**放物線**と呼ばれる左右対称の曲線になります。

この表をもとに、対応する x, y の値を座標とする点 (x, y) をなめらかな曲線で結んでグラフを書くと、下の図のようになります。

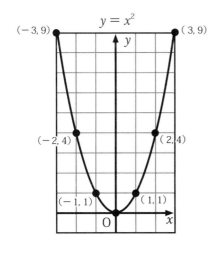

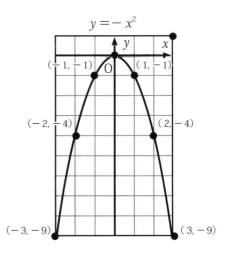

放物線は1本の直線で左右対称になっています。この直線を放物線の**軸**といい、放物線と軸との交点を放物線の**頂点**といいます。

$y = ax^2$ のグラフは次のような放物線になります。

$a > 0$ 下に凸の放物線

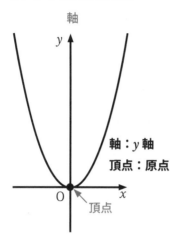

軸：y 軸
頂点：原点

$a < 0$ 上に凸の放物線

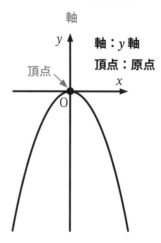

軸：y 軸
頂点：原点

例題 58 $y = ax^2$ のグラフ

次の2次関数のグラフを書きなさい。

(1) $y = \dfrac{1}{2}x^2$

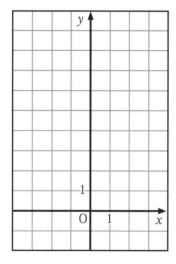

(2) $y = -2x^2$

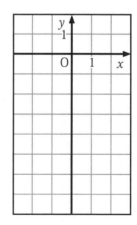

解答と解説

(1) $a > 0$

　→ 下に凸の放物線で、軸は y 軸
　　　頂点は原点になります。

$$y = \frac{1}{2}x^2$$

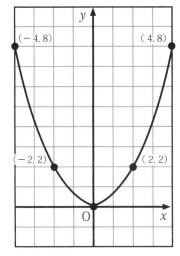

(2) $a < 0$

　→ 上に凸の放物線で、軸は y 軸
　　　頂点は原点になります。

$$y = -2x^2$$

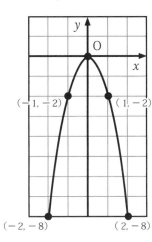

$y＝ax^2＋q$ のグラフ

2次関数 $y＝x^2＋3$ について、x の値に対応する y の値を求めてみましょう。

たとえば、$x＝2$　のとき　$y＝2^2＋3＝7$

$x＝－1$ のとき　$y＝(－1)^2＋3＝4$　となります。

このように、x の値に対応する y の値を求めて表を作ると次のようになります。

$y＝x^2＋3$

x	-3	-2	-1	0	1	2	3
y	12	7	4	3	4	7	12

この表をもとに、対応する x, y の値を座標とする点 (x, y) をなめらかな曲線で結んで $y＝x^2＋3$ のグラフを書き、$y＝x^2$ のグラフと比較してみましょう。

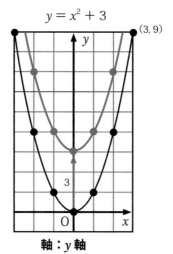

軸：y 軸
頂点：$(0, 3)$

2つのグラフを比較すると、$y＝x^2＋3$ のグラフは、$y＝x^2$ のグラフを y 軸方向に 3 だけ平行移動（上に 3 だけ平行移動）したものであることがわかります。

一般に $y＝ax^2＋q$ のグラフは $y＝ax^2$ のグラフを y 軸方向に q だけ平行移動したもので、頂点が $(0, q)$ で、軸が y 軸の放物線になります。

例題 59 $y = ax^2 + q$ のグラフ

$y = x^2, y = -x^2$ のグラフを利用して、次の2次関数のグラフを書き、軸と頂点の座標を求めなさい。

(1) $y = x^2 + 2$

(2) $y = -x^2 - 3$

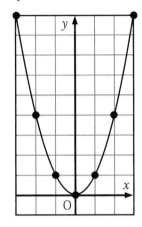

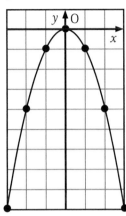

解答と解説

(1) $y = x^2$ のグラフを y 軸方向に 2 平行移動したもので、頂点が $(0, 2)$ で、軸が **y 軸**の放物線

(2) $y = -x^2$ のグラフを y 軸方向に -3 平行移動したもので、頂点が $(0, -3)$ で、軸が **y 軸**の放物線

$y = x^2 + 2$

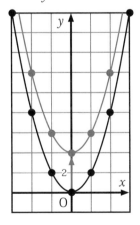

$y = -x^2 - 3$

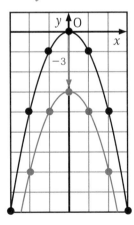

◌ $y＝a(x－p)^2$のグラフ

2次関数 $y＝(x－1)^2$ について、x の値に対応する y の値を求めてみましょう。

たとえば、$x＝2$　のとき　$y＝(2－1)^2＝1^2＝1$

$x＝－1$ のとき　$y＝(－1－1)^2＝(－2)^2＝4$　となります。

このように、x の値に対応する y の値を求めて表を作ると次のようになります。

$y＝(x－1)^2$

x	-1	0	1	2	3
y	4	1	0	1	4

この表をもとに、対応する x, y の値を座標とする点 (x, y) をなめらかな曲線で結んで $y＝(x－1)^2$ のグラフを書き、$y＝x^2$ のグラフと比較してみましょう。

$y＝(x－1)^2$

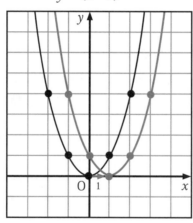

軸：$x＝1$

頂点：$(1, 0)$

2つのグラフを比較すると、$y＝(x－1)^2$ のグラフは、$y＝x^2$ のグラフを x 軸方向に 1 だけ平行移動（右に 1 だけ平行移動）したものであることがわかります。

一般に $y＝a(x－p)^2$ のグラフは $y＝ax^2$ のグラフを x 軸方向に p だけ平行移動したもので、頂点が $(p, 0)$ で、軸が $x＝p$ の放物線になります。

例題 60 $y = a(x - p)^2$ のグラフ

$y = x^2, y = -x^2$ のグラフを利用して、次の2次関数のグラフを書き、軸と頂点の座標を求めなさい。

(1) $y = (x - 2)^2$

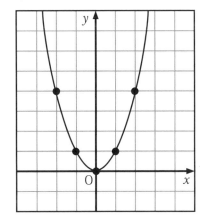

(2) $y = -(x + 1)^2$

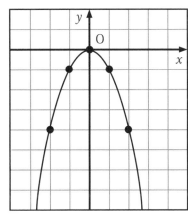

解答と解説

(1) $y = x^2$ のグラフを y 軸方向に 2 平行移動したもので、頂点が $(2, 0)$ で、軸が $x = 2$ の放物線

$$y = (x - 2)^2$$

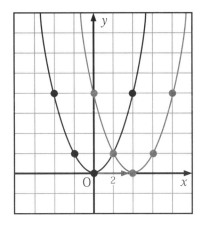

(2) $y = -x^2$ のグラフを x 軸方向に -1 平行移動したもので、頂点が $(-1, 0)$ で、軸が $x = -1$ の放物線

$$y = -(x + 1)^2$$

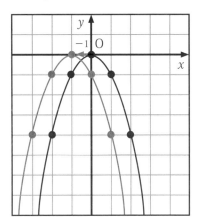

$y = a(x-p)^2 + q$ のグラフ

2次関数 $y=(x-1)^2+3$ について、x の値に対応する y の値を求めてみましょう。

たとえば、$x=3$ のとき　$y=(3-1)^2+3=2^2+3=7$

$\qquad\qquad x=0$ のとき　$y=(0-1)^2+3=(-1)^2+3=4$　となります。

このように、x の値に対応する y の値を求めて表を作ると次のようになります。

$y = (x-1)^2 + 3$

x	-1	0	1	2	3
y	7	4	3	4	7

この表をもとに、対応する x, y の値を座標とする点 (x, y) をなめらかな曲線で結んで $y=(x-1)^2+3$ のグラフを書き、$y=x^2$ のグラフと比較してみましょう。

$y = (x-1)^2 + 3$

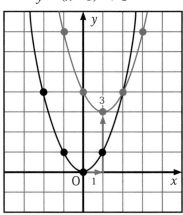

軸：$x = 1$

頂点：$(1, 3)$

2つのグラフを比較すると、$y=(x-1)^2+3$ のグラフは、$y=x^2$ のグラフを x 軸方向に 1, y 軸方向に 3 だけ平行移動（右に 1, 上に 3 だけ平行移動）したものであることがわかります。

一般に $y=a(x-p)^2+q$ のグラフは $y=ax^2$ のグラフを x 軸方向に p, y 軸方向 q だけ平行移動したもので、頂点が (p, q) で、軸が $x=p$ の放物線になります。

<u>例題 61</u> $y = a(x-p)^2 + q$ のグラフ

$y = x^2, y = -x^2$ のグラフを利用して、次の2次関数のグラフを書き、軸と頂点の座標を求めなさい。

(1) $y = (x-1)^2 + 2$

(2) $y = -(x+1)^2 - 3$

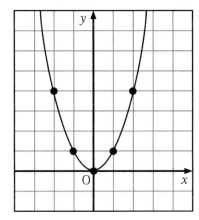

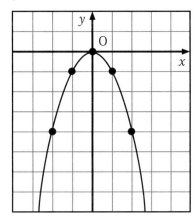

解答と解説

(1) $y = x^2$ のグラフを x 軸方向に 1, y 軸方向に 2 平行移動したもので、頂点が $(1, 2)$ で、軸が $x = 1$ の放物線

(2) $y = -x^2$ のグラフを x 軸方向に -1, y 軸方向に -3 平行移動したもので、頂点が $(-1, -3)$ で、軸が $x = -1$ 軸の放物線

$$y = (x-1)^2 + 2$$

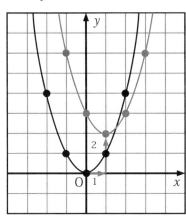

$$y = -(x+1)^2 - 3$$

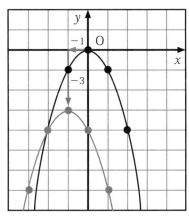

グラフの概形

2次関数 $y=a(x-p)^2+q$ の式の形を**基本形**といいます。

このグラフは、$a>0$ のとき下に凸、$a<0$ のとき上に凸で、頂点が (p, q) で、軸が $x=p$ の放物線になることから、基本形であれば式をひと目見ただけでグラフの概形（グラフの形、向き、軸、頂点の座標）がわかります。

例題62 グラフの概形

2次関数 $y=-(x+1)^2+2$ のグラフの概形として最も適切なものを選びなさい。

①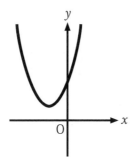

②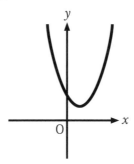

③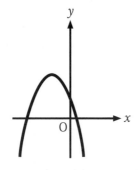

④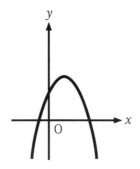

解答と解説

2次関数 $y=a(x-p)^2+q$ のグラフは、$a>0$ のとき下に凸、$a<0$ のとき上に凸で、頂点が (p, q) で、軸が $x=p$ の放物線になります。

$y=-(x+1)^2+2$ のグラフは、$a<0$ より上に凸で、さらに $p=-1, q=2$ より、頂点が $(-1, 2)$ で、軸が $x=-1$ の放物線であることがわかります。

よって、$y=-(x+1)^2+2$ のグラフの概形として**最も適切なものは③**となります。

平行移動したグラフの式

$y = ax^2$ のグラフを x 軸方向に p, y 軸方向に q だけ平行移動したグラフの式は
$y = a(x-p)^2 + q$ となります。

たとえば、$y = 2x^2$ のグラフを x 軸方向に 3, y 軸方向に -1 平行移動したグラフの式は、
$y = a(x-p)^2 + q$ の式に $a = 2$, $p = 3$, $q = -1$ を代入して、
$y = 2(x-3)^2 - 1$ となります。

例題 63 平行移動したグラフの式 ——————

$y = 3x^2$ のグラフを次のように平行移動したグラフの式を求めなさい。

(1) x 軸方向に 2, y 軸方向に 1

(2) x 軸方向に -1, y 軸方向に -2

(3) x 軸方向に -4, y 軸方向に 5

解答と解説

$y = ax^2$ のグラフを x 軸方向に p, y 軸方向に q だけ平行移動したグラフの式は
$y = a(x-p)^2 + q$ となります。

(1) $y = 3x^2$ のグラフを x 軸方向に 2, y 軸方向に 1 平行移動したグラフの式は、
   $y = a(x-p)^2 + q$ の式に $a = 3$, $p = 2$, $q = 1$ を代入して、
   $y = 3(x-2)^2 + 1$ となります。

(2) $y = 3x^2$ のグラフを x 軸方向に -1, y 軸方向に -2 平行移動したグラフの式は、
   $y = a(x-p)^2 + q$ の式に $a = 3$, $p = -1$, $q = -2$ を代入して、
   $y = 3(x+1)^2 - 2$ となります。

(3) $y = 3x^2$ のグラフを x 軸方向に -4, y 軸方向に 5 平行移動したグラフの式は、
   $y = a(x-p)^2 + q$ の式に $a = 3$, $p = -4$, $q = 5$ を代入して、
   $y = 3(x+4)^2 + 5$ となります。

Step｜基礎問題

各問の空欄に当てはまる用語・記号・式をそれぞれ適切に答えなさい。

問1　$y = 2x$ や $y = -3x + 2$ のように、y が x の1次式で表されるとき、
y は x の1次関数であるといい、一般に $y = \boxed{} x + \boxed{}$ の形に表される。
グラフは $a > 0$ のとき、$\boxed{}$ の直線になり、$a < 0$ のとき、$\boxed{}$ の直線
になる。

問2　$y = x^2$ や $y = -3x^2 + 2$ のように、y が x の2次式で表されるとき、
y は x の2次関数であるといい、$y = \boxed{} x^2 + \boxed{} x + \boxed{}$ の形に表
され、この形を一般形という。グラフは $a > 0$ のとき、$\boxed{}$ に凸の放物線に
なり、$a < 0$ のとき、$\boxed{}$ に凸の放物線になる。

問3　放物線は1本の直線を中心線に左右対称となっている。この直線を放物線の
$\boxed{}$ といい、これと放物線との交点を放物線の $\boxed{}$ という。

問4　2次関数 $y = \boxed{} (\boxed{} - \boxed{})^2 + \boxed{}$ の式の形を基本形といい、
基本形であれば式を見ただけでグラフの概形がわかる。

問5　$y = a(x - p)^2 + q$ のグラフは $y = ax^2$ のグラフを
$\boxed{}$ 軸方向に $\boxed{}$, $\boxed{}$ 軸方向に $\boxed{}$ だけ平行移動した放物線である。

問6　$y = 2(x + 1)^2 - 3$ のグラフは、頂点が $(\boxed{}, \boxed{})$ 軸が $x = \boxed{}$ の放
物線になる。

解答

問1：a, b, 右上がり, 右下がり　問2：a, b, c, 下, 上　問3：軸, 頂点　問4：a, x, p, q
問5：x, p, y, q　問6：$-1, -3, -1$

Jump │ レベルアップ問題

各問の設問文を読み、問題に答えなさい。

問1　2次関数 $y = (x - 1)^2 + 2$ のグラフの概形として最も適切なものを選びなさい。

①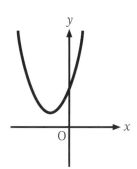

②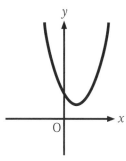

③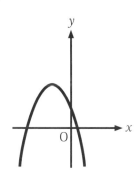

④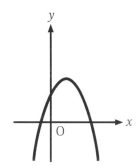

問2　2次関数 $y = x^2$ のグラフを x 軸方向に -2、y 軸方向に 1 だけ平行移動する。このとき、移動後の曲線をグラフとする2次関数は□である。

① $y = (x + 2)^2 + 1$ 　　　　② $y = (x + 2)^2 - 1$

③ $y = (x - 2)^2 + 1$ 　　　　④ $y = (x - 2)^2 - 1$

問3　2次関数 $y = -(x + 2)^2 - 3$ のグラフを x 軸方向に 2、y 軸方向に -3 だけ平行移動する。このとき、移動後の曲線をグラフとする2次関数は□である。

① $y = -(x + 4)^2$ 　　　　② $y = -(x + 4)^2 - 6$

③ $y = -x^2$ 　　　　④ $y = -x^2 - 6$

問4　2次関数 $y = 3x^2$ のグラフを x 軸方向に p、y 軸方向に q 平行移動すると、$y = 3(x + 1)^2 - 5$ のグラフが得られた。p, q の値を求めなさい。

🔑 解答・解説

問1　$y=a(x-p)^2+q$ のグラフは $a>0$ のとき下に凸、$a<0$ のとき上に凸で、頂点が (p, q) で、軸が $x=p$ の放物線になります。

よって、$y=(x-1)^2+2$ のグラフは、$a>0$ より下に凸のグラフになり、$p=1, q=2$ より、頂点が $(1, 2)$ で、軸が $x=1$ の放物線であることがわかるので、$y=(x-1)^2+2$ のグラフの概形として**最も適切なものは②**となります。

問2　$y=ax^2$ のグラフを x 軸方向に p, y 軸方向に q だけ平行移動すると、グラフの頂点の座標は (p, q) で、グラフの式は $y=a(x-p)^2+q$ になります。

よって、2次関数 $y=x^2$ のグラフを x 軸方向に -2, y 軸方向に 1 平行移動すると、グラフの頂点の座標は $(-2, 1)$ で、グラフの式は $y=(x+2)^2+1$ となり、正しい解答は①となります。

問3　$y=a(x-p)^2+q$ のグラフの頂点の座標は (p, q) となるので、$y=-(x+2)^2-3$ のグラフの頂点の座標は $(-2, -3)$ となります。

このグラフを x 軸方向に 2, y 軸方向に -3 平行移動すると、頂点の x 座標は $-2+2=0$, 頂点の y 座標は $-3-3=-6$ となるので、頂点の座標は $(0, -6)$ となります。よって、グラフの式は $y=-x^2-6$ となり、正しい解答は④となります。

問4　$y=ax^2$ のグラフを x 軸方向に p, y 軸方向に q だけ平行移動したグラフの式は $y=a(x-p)^2+q$ になります。

よって、2次関数 $y=3x^2$ のグラフを x 軸方向に -1, y 軸方向に -5 平行移動したグラフの式は、$y=3(x+1)^2-5$ となるので、$p=-1, q=-5$ となります。

2. 2次関数の式と最大値・最小値

第2節では2次関数のグラフの式や、値の変化に注目して、これまで学んできた2次関数について、より深く学んでいきます。式変形や最大値・最小値などの重要ポイントをしっかり理解していきましょう。

 Hop | 重要事項

式の決定（1）

2次関数 $y = x^2 + kx + 6$（kは定数）のように定数のうちの一つがわからなくても、このグラフが通る座標が1点わかれば定数が求まり、式を決定することができます。

たとえば、このグラフが $(1, 2)$ を通るとすると、$y = x^2 + kx + 6$ は $x = 1$ のとき $y = 2$ であることがわかるので、$x = 1, y = 2$ を $y = x^2 + kx + 6$ に代入します。

$$2 = 1^2 + k \times 1 + 6$$
$$2 = 1 + k + 6$$
$$k + 7 = 2$$
$$k = 2 - 7$$
$$k = -5$$

よって、2次関数の式は $y = x^2 - 5x + 6$ と求まります。

例題 64 式の決定（1）

$y = ax^2 + 5x + 2$（aは定数）のグラフが $(-1, 0)$ を通るとき、この2次関数の式を求めなさい。

解答と解説

$y = ax^2 + 5x + 2$ は $x = -1$ のとき $y = 0$

であることがわかるので、$x = -1, y = 0$ を $y = ax^2 + 5x + 2$ に代入します。

$$0 = a \times (-1)^2 + 5 \times (-1) + 2$$
$$0 = a \times 1 - 5 + 2$$
$$a - 3 = 0$$
$$a = 3$$

よって、2次関数の式は $y = 3x^2 + 5x + 2$ と求まります。

式の決定（2）

下の図は頂点の座標が $(2, -1)$ で、点 $(0, 7)$ を通る2次関数のグラフです。

このグラフから2次関数の式を求めてみましょう。

まず、頂点の座標が $(2, -1)$ の2次関数のグラフの式は $y = a(x-2)^2 - 1$ になります。これが $(0, 7)$ を通るので、$x = 0, y = 7$ をグラフの式に代入して a の値を求めます。

$$7 = a(0-2)^2 - 1$$
$$7 = a \times (-2)^2 - 1$$
$$7 = 4a - 1$$
$$4a = 8$$
$$a = 2$$

よって、2次関数のグラフの式は、$y = 2(x-2)^2 - 1$ となります。

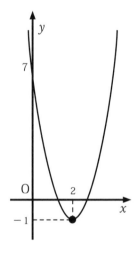

例題 65 式の決定（2）

下の図は頂点の座標が $(-2, 4)$ で、原点を通る2次関数のグラフです。

このグラフから2次関数の式を求めなさい。

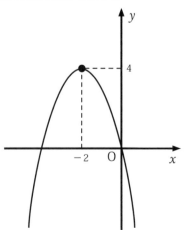

解答と解説

頂点の座標が $(-2, 4)$ の2次関数のグラフの式は $y = a(x+2)^2 + 4$ になります。
これが原点 $(0, 0)$ を通るので、$x = 0, y = 0$ をグラフの式に代入して a の値を求めます。

$$0 = a(0+2)^2 + 4$$
$$0 = a \times 2^2 + 4$$
$$4a + 4 = 0$$
$$4a = -4$$
$$a = -1$$

よって、2次関数のグラフの式は、$y = -(x+2)^2 + 4$ となります。

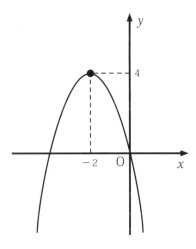

基本形と一般形

$(x-1)^2+2$ を展開すると、乗法公式【1】$(a-b)^2=a^2-2ab+b^2$ により、

$(x-1)^2+2=x^2-2x+1+2=x^2-2x+3$ となります。

よって、一般形で表された2次関数 $y=x^2-2x+3$ のグラフと、基本形で表された2次関数 $y=(x-1)^2+2$ のグラフは同じになります。

例題66 基本形と一般形

2次関数 $y=x^2+6x+8$ のグラフと同じになる2次関数を選びなさい。

① $y=(x+3)^2$

② $y=(x+3)^2+1$

③ $y=(x+3)^2-1$

解答と解説

③の $y=(x+3)^2-1$ の右辺を展開すると、

乗法公式【1】$(a+b)^2=a^2+2ab+b^2$ より、

$(x+3)^2-1=x^2+6x+9-1=x^2+6x+8$ となります。

よって、一般形で表された2次関数 $y=x^2+6x+8$ のグラフは、基本形で表された2次関数 $y=(x+3)^2-1$ のグラフと同じになるので、答えは③となります。

頂点の座標（1）

2次関数は $y=ax^2+bx+c$ の一般形のままでは、グラフの頂点や軸がわかりませんが、$y=a(x-p)^2+q$ の基本形に変形することで、式をひと目見ただけでグラフの頂点や軸がわかるようになり、グラフがイメージしやすくなります。

ax^2+bx+c を $a(x-p)^2+q$ の形に変形することを**平方完成**するといいます。

平方完成の手順のポイントは「**x の係数の半分の二乗を足して引く**」ことです。

こうすることで、因数分解の公式【1】$a^2+2ab+b^2=(a+b)^2$ が利用できるようになります。

x^2+6x+4 を平方完成して $y=x^2+6x+4$ のグラフの頂点の座標を求めてみましょう。

まず、$6x$ の項に注目して、x の係数の半分の二乗（$3^2=9$）を足して引きます。

$x^2+6x+4=x^2+6x+9-9+4$

$x^2+6x+9=(x+3)^2$ より　←因数分解の公式【1】$a^2+2ab+b^2=(a+b)^2$

$x^2+6x+9-9+4=(x+3)^2-9+4=(x+3)^2-5$

よって、x^2+6x+4 を平方完成すると、$(x+3)^2-5$ となるので

$y=x^2+6x+4$ は $y=(x+3)^2-5$ と変形でき、頂点の座標は $(-3,\ -5)$ となります。

例題 67 頂点の座標（1）

次の２次関数のグラフの頂点の座標を求めなさい。

(1) $y = x^2 - 2x - 5$

(2) $y = x^2 + 8x + 18$

解答と解説

(1) $x^2 - 2x - 5$ を平方完成します。

x の係数の半分の二乗〔$(-1)^2 = 1$〕を足して引くと、

$x^2 - 2x - 5 = x^2 - 2x + 1 - 1 - 5$

$x^2 - 2x + 1 = (x - 1)^2$ より

$x^2 - 2x + 1 - 1 - 5 = (x - 1)^2 - 1 - 5 = (x - 1)^2 - 6$

よって $y = x^2 - 2x - 5$ は、$y = (x - 1)^2 - 6$ と変形できるので、

頂点の座標は、**$(1, -6)$** となります。

(2) $x^2 + 8x + 18$ を平方完成します。

x の係数の半分の二乗（$4^2 = 16$）を足して引くと、

$x^2 + 8x + 18 = x^2 + 8x + 16 - 16 + 18$

$x^2 + 8x + 16 = (x + 4)^2$ より

$x^2 + 8x + 16 - 16 + 18 = (x + 4)^2 - 16 + 18 = (x + 4)^2 + 2$

よって $y = x^2 + 8x + 18$ は、$y = (x + 4)^2 + 2$ と変形できるので、

頂点の座標は、**$(-4, 2)$** となります。

頂点の座標（2）

下の図は、2次関数 $y = 2x^2 - 8x + 6$ のグラフです。このグラフから頂点の座標を求めてみましょう。

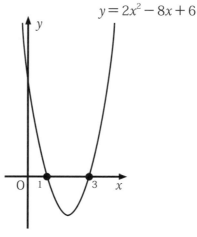

図より、グラフと x 軸の共有点の x 座標は $x = 1, 3$ であり、また2次関数のグラフは軸で左右対称になっていることから、下の図よりグラフの軸は $x = (1 + 3) \div 2 = 2$ であることがわかります。

グラフの軸は必ずグラフの頂点を通るので、頂点の x 座標も $x = 2$ となります。

$x = 2$ を $y = 2x^2 - 8x + 6$ に代入して頂点の y 座標を求めると、

$y = 2 \times 2^2 - 8 \times 2 + 6 = 8 - 16 + 6 = -2$

よって、頂点の座標は **(2, -2)** となります

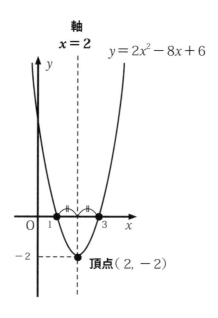

例題68　頂点の座標（2）

下の図は、2次関数 $y = -x^2 - 6x - 8$ のグラフである。このグラフの頂点の座標を求めなさい。

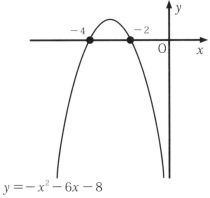

$$y = -x^2 - 6x - 8$$

解答と解説

図より、グラフと x 軸の共有点の x 座標は
$x = -4, -2$ であり、また2次関数のグラフは
軸で左右対称になっていることから、
グラフの軸は $x = -3$ であることがわかります。
グラフの軸は必ずグラフの頂点を通るので、
頂点の x 座標も $x = -3$ となります。
$x = -3$ を $y = -x^2 - 6x - 8$ に代入して
頂点の y 座標を求めると、

$y = -(-3)^2 - 6 \times (-3) - 8$
$\quad = -9 + 18 - 8$
$\quad = 1$

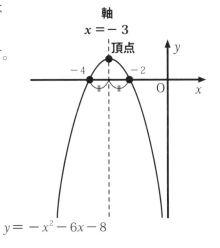

よって、頂点の座標は $(-3, 1)$ となります。

💡 最大値と最小値（1）

y が x の関数であるとき、最も大きい y の値を**最大値**といい、最も小さい y の値を**最小値**といいます。$y = a(x-p)^2 + q$ で表された2次関数の最大値と最小値を求めてみましょう。

例1 $y = (x-1)^2 + 3$ の最大値と最小値
この関数は $x = 1$ を軸とし、$(1, 3)$ を頂点とする、下に凸の放物線になります。
よって、下の左図から関数の変化は次のようになることがわかります。
[1] $x < 1$ の範囲では、x の値が増加すると y の値は減少する。
[2] $x > 1$ の範囲では、x の値が増加すると y の値も増加する。
[3] $x = 1$ のとき、y の値は最小となり、最小値は 3 となる。
　　y の値はいくらでも大きくなるので最大値はない。

例2 $y = -(x-1)^2 + 3$ の最大値と最小値
この関数は $x = 1$ を軸とし、$(1, 3)$ を頂点とする、上に凸の放物線になります。
よって、下の右図から関数の変化は次のようになることがわかります。
[1] $x < 1$ の範囲では、x の値が増加すると y の値は増加する。
[2] $x > 1$ の範囲では、x の値が増加すると y の値も減少する。
[3] $x = 1$ のとき、y の値は最大となり、最大値は 3 となる。
　　y の値はいくらでも小さくなるので最小値はない。

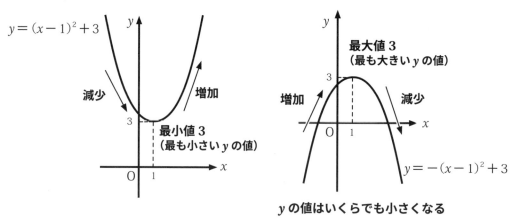

よって、2次関数 $y = a(x-p)^2 + q$ の最大値と最小値は次のようになります。
$a > 0$ のとき、$x = p$ で最小値 q をとり、最大値はない。
$a < 0$ のとき、$x = p$ で最大値 q をとり、最小値はない。

例題69 最大値と最小値（1）

次の２次関数の最大値または最小値を求めなさい。

(1) $y = (x-2)^2 - 4$

(2) $y = -(x+3)^2 + 1$

解答と解説

(1) この関数は $x=2$ を軸とし、$(2, -4)$ を頂点とする、下に凸の放物線になります。

よって、$x=2$ で**最小値 -4** をとり、最大値はありません。

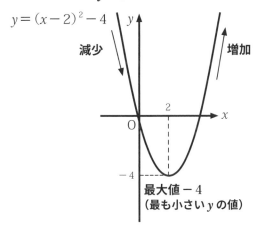

y の値はいくらでも大きくなる

$y = (x-2)^2 - 4$

減少　　　増加

最大値 -4
（最も小さい y の値）

(2) この関数は $x=-3$ を軸とし、$(-3, 1)$ を頂点とする、上に凸の放物線になります。

よって、$x=-3$ で**最大値 1** をとり、最小値はありません。

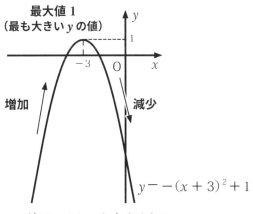

最大値 1
（最も大きい y の値）

増加　　　減少

$y = -(x+3)^2 + 1$

y の値はいくらでも小さくなる

最大値と最小値（2）

関数で x のとる値の範囲のことを **x の変域**または**定義域**といいます。

x の変域に制限があるときの2次関数の最大値と最小値を求めてみましょう。

例1 $y=(x-1)^2+3$ （$2 \leqq x \leqq 4$）の最大値と最小値

x の変域 $2 \leqq x \leqq 4$ におけるグラフは下の図の実線部分で、

グラフの頂点の座標は（1, 3）なので、

x の変域の右端（$x=4$）で y の値の最大値をとり、

x の変域の左端（$x=2$）で y の値の最小値をとることがわかります。

$x=4$ のときの y の値は、$y=(x-1)^2+3$ の式に $x=4$ を代入して

$y=(4-1)^2+3=3^2+3=12$

$x=2$ のときの y の値は、$y=(x-1)^2+3$ の式に $x=2$ を代入して

$y=(2-1)^2+3=1^2+3=4$

と求まります。

したがって、y の値は

$x=4$ のとき最大値 12 をとり、$x=2$ のとき最小値 4 をとります。

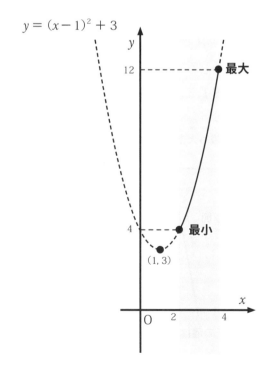

$y=(x-1)^2+3$

例2 $y=-(x-1)^2+3$ （$0\leqq x\leqq4$）の最大値と最小値

x の変域 $0\leqq x\leqq4$ におけるグラフは下の図の実線部分なので、

頂点で y の値の最大値をとり、

x の変域の右端（$x=4$）で y の値の最小値をとることがわかります。

式より頂点の座標は $(1,3)$ であることがわかるので、

頂点の y の値（$x=1$ のときの y の値）は 3

$x=4$ のときの y の値は、$y=-(x-1)^2+3$ の式に $x=4$ を代入して

$y=-(4-1)^2+3=-3^2+3=-6$

と求まります。

したがって、y の値は

$x=1$ のとき最大値 3 をとり、$x=4$ のとき最小値 -6 をとります。

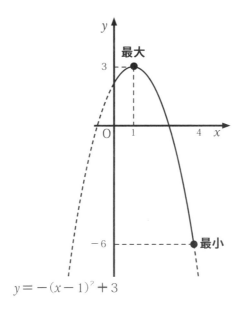

$$y=-(x-1)^2+3$$

例題 70 最大値と最小値（2）

次の 2 次関数の最大値または最小値を求めなさい。

(1) $y=(x-2)^2-5$ （$3\leqq x\leqq5$）

(2) $y=-(x+4)^2+1$ （$-5\leqq x\leqq-2$）

解答と解説

　x の変域に制限がある2次関数の最大値と最小値は次のようになります。

　① x の変域内にグラフの頂点が入っていないとき

　　　→ x の変域の両端で最大値・最小値をとる

　② x の変域内にグラフの頂点が入っているとき

　　　→頂点と x の変域の端で最大値・最小値をとる

(1) x の変域内にグラフの頂点が入っていないので①のパターンです。

　x の変域 $3 \leqq x \leqq 5$ におけるグラフは下の図の実線部分なので、x の変域の右端 $(x＝5)$ で y の値の最大値をとり、x の変域の左端 $(x＝3)$ で y の値の最小値をとることがわかります。

　$x＝5$ のときの y の値は、$y＝(x-2)^2-5$ の式に $x＝5$ を代入して

　$y＝(5-2)^2-5＝3^2-5＝4$

　$x＝3$ のときの y の値は、$y＝(x-2)^2-5$ の式に $x＝3$ を代入して

　$y＝(3-2)^2-5＝1^2-5＝-4$

　と求まります。

　したがって、y の値は

　$x＝5$ のとき最大値 4 をとり、$x＝3$ のとき最小値 -4 をとります。

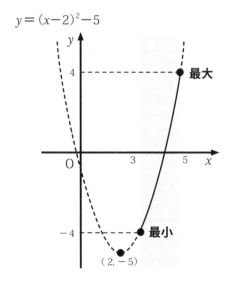

$$y＝(x-2)^2-5$$

(2) x の変域内にグラフの頂点が入っているので②のパターンです。

　　x の変域 $-5 \leqq x \leqq -2$ におけるグラフは下の図の実線部分なので、頂点で y の値の最大値をとり、x の変域の右端（$x = -2$）で y の値の最小値をとることがわかります。

　　式より頂点の座標は（$-4, 1$）であることがわかるので、

　　頂点の y の値（$x = -4$, ときの y の値）は 1

　　$x = -2$ のときの y の値は、$y = -(x+4)^2 + 1$ の式に $x = -2$ を代入して

　　$y = -(-2+4)^2 + 1 = -2^2 + 1 = -3$

　　と求まります。

　　したがって、y の値は

　　$x = -4$ のとき最大値 1 をとり、$x = -2$ のとき最小値 -3 をとります。

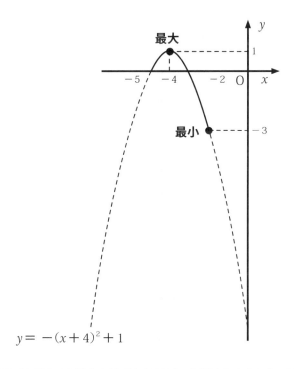

$$y = -(x+4)^2 + 1$$

※上に凸のグラフはグラフの軸から遠ざかるほど y の値は小さくなり、下に凸のグラフはグラフの軸から遠ざかるほど y の値は大きくなります。②のパターンの場合は、x の変域の両端のどちらがよりグラフの軸から遠いか、または近いかを意識して考えるようにしましょう。

🔍 最大値と最小値（3）

x の変域に制限があるとき、最大値または最小値の関係から2次関数の式の定数を求められる場合があります。

たとえば、2次関数 $y=(x-2)^2+k$　$(3 \leqq x \leqq 5)$ の最大値が 7 であるとき、定数 k の値を求めてみましょう。

下に凸の放物線では、軸から遠いほど y の値は大きくなります。

よって、このグラフは x の変域の右端 $(x=5)$ で最大値 $(y=7)$ をとるので、

$y=(x-2)^2+k$ に $x=5, y=7$ を代入して k の値を求めると、

$$7=(5-2)^2+k$$
$$7=3^2+k$$
$$7=9+k$$
$$k=-2$$

したがって、k の値は -2 と求まり、2次関数の式は $y=(x-2)^2-2$ となります。

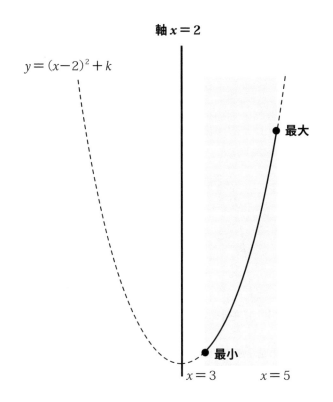

例題 71 最大値と最小値（3）

$y = -(x+1)^2 + k$（kは定数）において、xの変域を $1 \leqq x \leqq 5$ とするとき、yの最大値が 3 でした。このときの k の値を求めなさい。

解答と解説

下に凸の放物線では、軸に近いほど y の値は大きくなります。

よって、このグラフは x の変域の左端（$x=1$）で最大値（$y=3$）をとるので、

$y = -(x+1)^2 + k$ に $x=1, y=3$ を代入して k の値を求めると、

$$3 = -(1+1)^2 + k$$
$$3 = -2^2 + k$$
$$3 = -4 + k$$
$$k = 7$$

したがって、k の値は 7 と求められます。

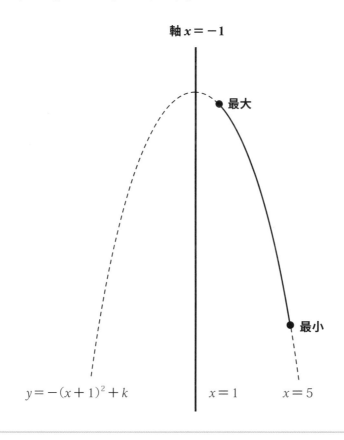

軸 $x = -1$

● 最大

● 最小

$y = -(x+1)^2 + k$　　　$x = 1$　　　$x = 5$

Step｜基礎問題

各問の空欄に当てはまる用語・記号・式をそれぞれ適切に答えなさい。

問1　ax^2+bx+c を $a(x-p)^2+q$ の形に変形することを、□□□□ するという。
この式変形のポイントは「x の係数の □□□□ を足して引く」ことである。

問2　2次関数 $y=ax^2+bx+c$ の式を、$y=a(x-p)^2+q$ の形に変形することで、
グラフの軸や □□□ がわかるようになる。

問3　$y=a(x-p)^2+q$ の最大値・最小値は、
$a>0$ のとき、最大値は □□□、最小値は □□□
$a<0$ のとき、最大値は □□□、最小値は □□□

問4　2次関数 $y=(x-1)^2-5$ のグラフは $x=$ □□□ のとき、y の値は最小となり、
最小値は □□□ となる。最大値はない。

問5　2次関数 $y=-(x+1)^2+5$ のグラフは $x=$ □□□ のとき、y の値は最大となり、最大値は □□□ となる。最小値はない。

問6　関数で x のとる値の範囲のことを x の □□□ または □□□ という。

問7　2次関数 $y=(x-1)^2+3$ $(2 \leqq x \leqq 4)$ は
$x=$ □□□ のとき最大値 □□□ をとり
$x=$ □□□ のとき最小値 □□□ をとる。

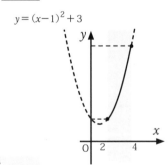

問8　2次関数 $y=-(x-1)^2+3$ $(0 \leqq x \leqq 4)$ は
$x=$ □□□ のとき最大値 □□□ をとり
$x=$ □□□ のとき最小値 □□□ をとる。

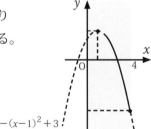

解答

問1：平方完成, 半分の二乗　問2：頂点

問3：なし, q $(x=p$ のとき$)$, q $(x=p$ のとき$)$, なし　問4：1, -5　問5：-1, 5

問6：変域, 定義域　問7：4, 12, 2, 4　問8：1, 3, 4, -6

Jump │ レベルアップ問題

各問の設問文を読み、問題に答えなさい。

問1 $y＝x^2+kx+7$ （k は定数）のグラフが（$-2, 3$）を通るとき、この２次関数の式を求めなさい。

問2 グラフの頂点が（$-2, -1$）で、点（$1, 2$）を通る２次関数の式を求めなさい。

問3 ２次関数 $y＝x^2-4x-3$ のグラフの頂点の座標を求めなさい。

問4 下の図は、２次関数 $y＝x^2-2x-3$ のグラフである。このグラフの頂点の座標を求めなさい。

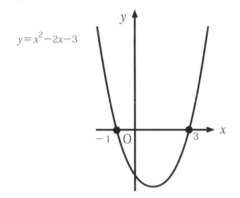

問5 ２次関数 $y＝-(x+2)^2+5$ の最大値または最小値を求めなさい。

問6 ２次関数 $y＝(x+2)^2-1$ において、x の変域を $-1≦x≦1$ とするとき、y の最大値と最小値を求めなさい。

問7 ２次関数 $y＝-(x-1)^2+4$ において、x の変域を $0≦x≦3$ とするとき、y の最大値と最小値を求めなさい。

問8 ２次関数 $y＝(x-1)^2+k$ （$-1≦x≦4$）の最大値が 12 であるとき、定数 k の値を求めなさい。

解答・解説

問1　$y = x^2 + kx + 7$（k は定数）は $x = -2$ のとき $y = 3$

であることがわかるので、$x = -2, y = 3$ を $y = x^2 + kx + 7$ に代入します。

$3 = (-2)^2 + k \times (-2) + 7$

$3 = 4 - 2k + 7$

$2k = 4 + 7 - 3$

$2k = 8$

$k = 4$

よって、2次関数の式は $y = x^2 + 4x + 7$ と求まります。

問2　グラフの頂点が $(-2, -1)$ であることから、2次関数の式は、

$y = a(x + 2)^2 - 1$ であることがわかります。さらに、このグラフは点 $(1, 2)$

を通るので、$x = 1, y = 2$ を $y = a(x + 2)^2 - 1$ に代入します。

$2 = a(1 + 2)^2 - 1$

$2 = a \times 3^2 - 1$

$2 = 9a - 1$

$9a = 3$

$a = \dfrac{3}{9} = \dfrac{1}{3}$

よって、2次関数の式は $y = \dfrac{1}{3}(x + 2)^2 - 1$ と求まります。

問3　2次関数 $y = ax^2 + bx + c$ を、平方完成を用いて $y = a(x - p)^2 + q$ の形に変形
して、グラフの頂点の座標を求めます。平方完成の手順のポイントは「x の係
数の半分の二乗を足して引く」ことです。

x の係数の半分の二乗 $[(-2)^2 = 4]$ を足して引きます。

$x^2 - 4x - 3 = x^2 - 4x + 4 - 4 - 3$

$x^2 - 4x + 4 = (x - 2)^2$ より　←因数分解の公式【1】$a^2 - 2ab + b^2 = (a - b)^2$

$x^2 - 4x + 4 - 4 - 3 = (x - 2)^2 - 4 - 3 = (x - 2)^2 - 7$

よって、頂点の座標は $(2, -7)$ となります。

問4　図より、グラフと x 軸の共有点の x 座標は
　　　$x＝-1, 3$ であり、また2次関数のグラフは
　　　軸で左右対称になっていることから、
　　　グラフの軸は $x＝(-1＋3)÷2＝1$ である
　　　ことがわかります。
　　　グラフの軸は必ずグラフの頂点を通るので、
　　　頂点の x 座標も $x＝1$ となります。
　　　$x＝1$ を $y＝x^2-2x-3$ に代入して
　　　頂点の y 座標を求めると、
　　　$y＝1^2-2×1-3$
　　　　$＝1-2-3$
　　　　$＝-4$
　　　よって、頂点の座標は $(1, -4)$ となります。

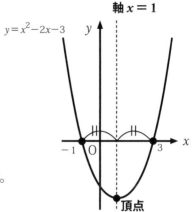

問5　$y＝-(x＋2)^2＋5$ のグラフは、
　　　$x＝-2$ を軸とし、
　　　$(-2, 5)$ を頂点とする
　　　上に凸の放物線になります。

　　　よって、$x＝-2$ で
　　　最大値5をとり、
　　　最小値はありません。

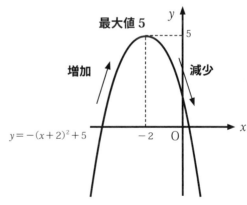

135

問6　x の変域 $-1 \leqq x \leqq 1$ における2次関数 $y = (x+2)^2 - 1$ のグラフは下の図の実線部分なので、x の変域の右端（$x=1$）で y の値の最大値をとり、x の変域の左端（$x=-1$）で y の値の最小値をとることがわかります。

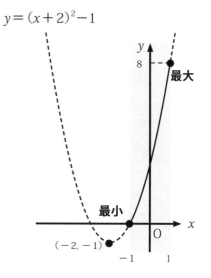

$x=1$ のときの y の値は、
$y = (x+2)^2 - 1$ の式に $x=1$ を代入して
$y = (1+2)^2 - 1 = 3^2 - 1 = 8$
$x=-1$ のときの y の値は、
$y = (x+2)^2 - 1$ の式に $x=-1$ を代入して
$y = (-1+2)^2 - 1 = 1^2 - 1 = 0$
と求まります。

したがって、y の値は
$x=1$ のとき最大値 8 をとり、
$x=-1$ のとき最小値 0 をとります。

問7　x の変域 $0 \leqq x \leqq 3$ における2次関数 $y = -(x-1)^2 + 4$ のグラフは下の図の実線部分なので、頂点で y の値の最大値をとり、x の変域の右端（$x=3$）で、y の値の最小値をとることがわかります。

式より頂点の座標は $(1, 4)$ であることがわかるので、頂点の y の値
（$x=1$ のときの y の値）は 4
$x=3$ のときの y の値は、
$y = -(x-1)^2 + 4$ の式に $x=3$ を代入して
$y = -(3-1)^2 + 4 = -2^2 + 4 = 0$
と求まります。

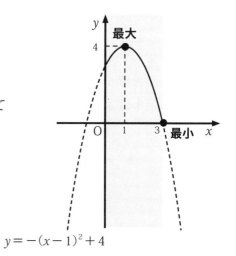

したがって、y の値は
$x=1$ のとき最大値 4 をとり、
$x=3$ のとき最小値 0 をとります。

問8　下に凸の放物線では、軸から遠いほど y の値は大きくなります。

よって、$y=(x-1)^2+k$ のグラフは
x の変域の右端（$x=4$）で
最大値（$y=12$）をとるので、
$y=(x-1)^2+k$ に $x=4, y=12$ を
代入して k の値を求めると、

$12=(4-1)^2+k$

$12=3^2+k$

$12=9+k$

$k=3$

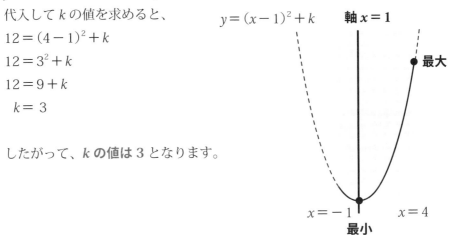

したがって、**k の値は 3** となります。

3. 2次方程式と2次不等式

$x^2 = 5, 2x^2 + 5x + 3 = 0$ のように、x の2次式で表された方程式を x の2次方程式といいます。また、$x^2 - 4x + 3 < 0$ のように、x の2次式で表された不等式を2次不等式といいます。第3節では2次方程式や2次不等式の解き方を学んでいきましょう。

 **Hop｜重要事項**

🖊 2次方程式の解き方

① 平方根の考え方を用いて解きます。

例 $x^2 = 5$

x は「2乗して5になる数」＝「5の平方根」となるので、

$x = \pm\sqrt{5} \ (x = \sqrt{5}, -\sqrt{5})$

② 式の右辺が0で左辺が因数分解できるときは、因数分解を利用して解きます。

例1 $x^2 + 5x = 0$

左辺を共通因数の x でくくって因数分解すると、$x(x + 5) = 0$ となります。

ここで、A×B＝0 ならば A＝0 または B＝0 となることを利用すると

$x \times (x + 5) = 0$ より、$x = 0$ または $x + 5 = 0$ となるので、$x = 0, -5$

例2 $x^2 + 5x + 6 = 0$

左辺を因数分解の公式【3】$x^2 + (a + b)x + ab = (x + a)(x + b)$ を用いて

因数分解すると $(x + 2)(x + 3) = 0$ となります。

$x + 2 = 0$ または $x + 3 = 0$ となるので、$x = -2, -3$

例3 $5x^2 + 7x + 2 = 0$

左辺を因数分解の公式【4】$acx^2 + (ad + bc)x + bd = (ax + b)(cx + d)$ を用いて

因数分解（pp. 38-41 参照）すると $(5x + 2)(x + 1) = 0$ となります。

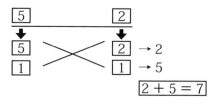

$5x + 2 = 0$ または $x + 1 = 0$ となるので、$x = -\dfrac{2}{5}, -1$

※ $5x+2=0$ の解き方を復習しておきましょう。

$$5x = -2 \quad \leftarrow \text{左辺の}+2\text{を右辺移項したので符号が変わります。}$$
$$5x \div 5 = -2 \div 5 \quad \leftarrow \text{両辺を5で割ります。}$$
$$\frac{5x}{5} = -\frac{2}{5}$$
$$x = -\frac{2}{5}$$

③ 式の右辺が0で左辺が因数分解できないときは、**解の公式**で解くことができます。

2次方程式の解の公式： $ax^2+bx+c=0$ の解は、$x = \dfrac{-b \pm \sqrt{b^2-4ac}}{2a}$

例 $3x^2+5x+1=0$

因数分解できないので、解の公式に $a=3, b=5, c=1$ を代入すると

$$x = \frac{-5 \pm \sqrt{5^2-4\times3\times1}}{2\times3} = \frac{-5\pm\sqrt{25-12}}{6} = \frac{-5\pm\sqrt{13}}{6}$$

例題 72 **2次方程式の解き方**

次の2次方程式を解きなさい。

(1) $x^2=10$

(2) $x^2-4x=0$

(3) $x^2-2x-8=0$

(4) $x^2+6x+9=0$

(5) $2x^2-7x+3=0$

(6) $2x^2+3x-1=0$

解答と解説

(1) 平方根の考え方を用いて解きます。

$$x^2=10$$
$$x = \pm\sqrt{10} \quad (x=\sqrt{10}, -\sqrt{10})$$

(2) 左辺を共通因数の x でくくって因数分解して解きます。

$$x^2-4x=0$$
$$x(x-4)=0$$

よって、$x=0$ または $x-4=0$ となるので、$x=0, 4$

(3) 因数分解の公式【3】$x^2 + (a+b)x+ab = (x+a)(x+b)$ を利用して解きます。

$x^2 - 2x - 8 = 0$

$(x+2)(x-4) = 0$

よって、$x+2 = 0$ または $x-4 = 0$ となるので、**$x = -2, 4$**

(4) 因数分解の公式【1】$a^2 + 2ab + b^2 = (a+b)^2$ を利用して解きます。

$x^2 + 6x + 9 = 0$

$(x+3)^2 = 0$

よって、$x+3 = 0$ となるので、**$x = -3$**

(5) 因数分解の公式【4】$acx^2 + (ad+bc)x + bd = (ax+b)(cx+d)$

を利用して解きます。

$2x^2 - 7x + 3 = 0$

$(2x-1)(x-3) = 0$

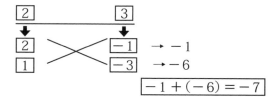

よって、$2x-1 = 0$ または $x-3 = 0$ となるので、**$x = \dfrac{1}{2}, 3$**

(6) 2次方程式の解の公式を利用して解きます。

2次方程式の解の公式：$ax^2 + bx + c = 0$ の解は、$x = \dfrac{-b \pm \sqrt{b^2 - 4ac}}{2a}$

$2x^2 + 3x - 1 = 0$ より

解の公式に $a = 2, b = 3, c = -1$ を代入します。

よって、$x = \dfrac{-3 \pm \sqrt{3^2 - 4 \times 2 \times (-1)}}{2 \times 2} = \dfrac{-3 \pm \sqrt{9+8}}{4} = \dfrac{-3 \pm \sqrt{17}}{4}$

🔍 グラフと x 軸の共有点（1）

2次関数のグラフが x 軸と交わる点のことを、グラフと x 軸の**共有点**といいます。

$y=x^2-4x-5$ のグラフと x 軸の共有点の座標を求めてみましょう。

x 軸上の点の y 座標は 0 なので、グラフと x 軸との共有点の y 座標も 0 になります。

よって、$y=x^2-4x-5$ のグラフと x 軸との共有点の x 座標は、$y=x^2-4x-5$ に $y=0$ を代入した式、つまり2次方程式 $x^2-4x-5=0$ の解として求めることができます。

2次方程式 $x^2-4x-5=0$ を解くと、左辺を因数分解して

$(x+1)(x-5)=0$ ←因数分解の公式【3】$x^2+(a+b)x+ab=(x+a)(x+b)$

$x+1=0$ または $x-5=0$ となるので、$x=-1,5$

と求まり、共有点の x 座標もそれぞれ $x=-1,5$ となります。

よって、共有点の座標は $(-1,0),(5,0)$ となります。

$$y=x^2-4x-5$$

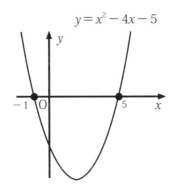

したがって、**2次関数 $y=ax^2+bx+c$ のグラフと x 軸の共有点の x 座標は、2次方程式 $ax^2+bx+c=0$ の解である**ことが成り立ちます。

例題 73 グラフとx軸との共有点（1）

次の2次関数のグラフとx軸の共有点のx座標を求めなさい。

(1) $y = x^2 - 2x - 3$

(2) $y = 2x^2 + 9x - 5$

(3) $y = x^2 + 5x + 2$

解答と解説

(1) 2次方程式 $x^2 - 2x - 3 = 0$ を解くと、左辺を因数分解して

$(x + 1)(x - 3) = 0$

$x + 1 = 0$ または $x - 3 = 0$ となるので、$x = -1, 3$

と求まり、共有点のx座標もそれぞれ $\boldsymbol{x = -1, 3}$ となります。

(2) 2次方程式 $2x^2 + 9x - 5 = 0$ を解くと、左辺を因数分解して

$(2x - 1)(x + 5) = 0$

$2x - 1 = 0$ または $x + 5 = 0$ となるので、$x = \dfrac{1}{2}, -5$

と求まり、共有点のx座標もそれぞれ $\boldsymbol{x = \dfrac{1}{2}, -5}$ となります。

(3) 2次方程式 $x^2 + 5x + 2 = 0$ は左辺が因数分解できないので、解の公式を利用して解きます。

解の公式：$ax^2 + bx + c = 0$ の解は、$x = \dfrac{-b \pm \sqrt{b^2 - 4ac}}{2a}$

解の公式に $a = 1, b = 5, c = 2$ を代入します。

よって、$x = \dfrac{-5 \pm \sqrt{5^2 - 4 \times 1 \times 2}}{2 \times 1} = \dfrac{-5 \pm \sqrt{25 - 8}}{2} = \dfrac{-5 \pm \sqrt{17}}{2}$

と求まり、共有点のx座標もそれぞれ $\boldsymbol{x = \dfrac{-5 + \sqrt{17}}{2}, \dfrac{-5 - \sqrt{17}}{2}}$ となります。

🖉 グラフと x 軸の共有点（2）

2次関数 $y = x^2 - 2x + 1$ のグラフ（下の左図）と x 軸の共有点の座標を求めてみましょう。

2次方程式 $x^2 - 2x + 1 = 0$ の解として求めることができるので、

左辺を因数分解して解くと、

$(x - 1)^2 = 0$ ←因数分解の公式【1】 $a^2 - 2ab + b^2 = (a - b)^2$

$x - 1 = 0$ となるので、$x = 1$

と求まり、共有点の x 座標も $x = 1$ となります。

よって、共有点の座標は $(1, 0)$ となります。

このように2次関数のグラフが x 軸とただ1点を共有するとき、

グラフは x 軸に**接する**といい、その共有点を**接点**といいます。

2次関数 $y = x^2 - 2x + 3$ のグラフ（下の右図）と x 軸の共有点の座標を求めてみましょう。

2次方程式 $x^2 - 2x + 3 = 0$ の解として求めることができるので、

解の公式を利用して解くと、

$$x = \frac{-(-2) \pm \sqrt{(-2)^2 - 4 \times 1 \times 3}}{2 \times 1} = \frac{2 \pm \sqrt{4 - 12}}{2} = \frac{2 \pm \sqrt{-8}}{2}$$

となり、根号のなかが負の数となるので解はありません。

ここで、2次関数 $y = x^2 - 2x + 3$ のグラフの頂点の座標を求めると、

$y = x^2 - 2x + 3 = x^2 - 2x + 1 - 1 + 3 = (x - 1)^2 + 2$

より、$(1, 0)$ となり、グラフと x 軸の共有点はないことがわかります。

したがって、根号のなかが負の数となり、解がない場合は、グラフと x 軸の共有点はありません。

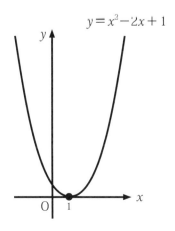

$y = x^2 - 2x + 1$

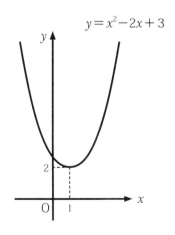

$y = x^2 - 2x + 3$

例題74 グラフとx軸との共有点（2）

次の2次関数のグラフとx軸の共有点のx座標を求めなさい。

(1) $y = x^2 - 6x + 9$

(2) $y = x^2 + 8x + 16$

(3) $y = x^2 - 4x + 9$

解答と解説

(1) 2次方程式 $x^2 - 6x + 9 = 0$ を解くと、左辺を因数分解して

$(x - 3)^2 = 0$ ←因数分解の公式【1】$a^2 - 2ab + b^2 = (a - b)^2$

$x - 3 = 0$ となるので、$x = 3$

と求まり、共有点のx座標は $x = 3$ となります。

(2) 2次方程式 $x^2 + 8x + 16 = 0$ を解くと、左辺を因数分解して

$(x + 4)^2 = 0$ ←因数分解の公式【1】$a^2 + 2ab + b^2 = (a + b)^2$

$x + 4 = 0$ となるので、$x = -4$

と求まり、共有点のx座標は $x = -4$ となります。

(3) 2次方程式 $x^2 - 4x + 9 = 0$ は左辺が因数分解できないので、解の公式を利用して解くと、

$$x = \frac{-(-4) \pm \sqrt{(-4)^2 - 4 \times 1 \times 9}}{2 \times 1} = \frac{4 \pm \sqrt{16 - 36}}{2} = \frac{4 \pm \sqrt{-20}}{2}$$

となり、根号のなかが負の数となるので解はありません。

よって、**グラフとx軸の共有点はありません。**

✏ 2次不等式（1）

2次不等式 $x^2-4x+3<0$ を解いてみましょう。

2次不等式は2次関数のグラフを使って解くことができます。

まず、2次関数 $y=x^2-4x+3$ のグラフと x 軸の共有点の x 座標を考えます。

$x^2-4x+3=0$ を解くと、左辺を因数分解して

$(x-1)(x-3)=0$

$x-1=0$ または $x-3=0$ となるので、$x=1,3$

と求まり、共有点の x 座標もそれぞれ $x=1,3$ となります。

よって、下の左図より、$1<x<3$ の範囲ではグラフが x 軸の下側にあります。

つまり、$1<x<3$ の範囲では y の値（$=x^2-4x+3$ の値）が 0 より小さくなっていることを意味しているので、2次不等式 $x^2-4x+3<0$ の解は $1<x<3$ であることがわかります。

同様に、2次不等式 $x^2-4x+3>0$ を解いてみましょう。

下の右図より、$x<1$ と $3<x$ の範囲ではグラフが x 軸の上側にあります。

つまり、$x<1$ と $3<x$ の範囲では y の値（$=x^2-4x+3$ の値）が 0 より大きくなっていることを意味しているので、2次不等式 $=x^2-4x+3>0$ の解は $x<1,3<x$ であることがわかります。

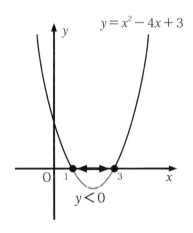
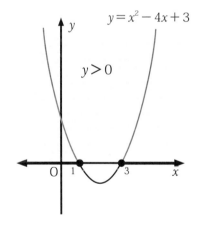

例題 75 2次不等式（1）

次の2次不等式を解きなさい。

(1) $x^2 + 5x + 4 < 0$

(2) $x^2 - 3x - 10 > 0$

解答と解説

(1) 2次関数 $y = x^2 + 5x + 4$ のグラフと x 軸の共有点の x 座標を考えます。

$x^2 + 5x + 4 = 0$ を解くと、左辺を因数分解して

$(x + 1)(x + 4) = 0$

$x + 1 = 0$ または $x + 4 = 0$ となるので、$x = -1, -4$

と求まり、共有点の x 座標もそれぞれ $x = -1, -4$ となります。

よって、下の左図より、x の値が $-4 < x < -1$ の範囲ではグラフが x 軸の下側にあるので2次不等式 $x^2 + 5x + 4 < 0$ の解は $-4 < x < -1$ となります。

(2) 2次関数 $y = x^2 - 3x - 10$ のグラフと x 軸の共有点の x 座標を考えます。

$x^2 - 3x - 10 = 0$ を解くと、左辺を因数分解して

$(x + 2)(x - 5) = 0$

$x + 2 = 0$ または $x - 5 = 0$ となるので、$x = -2, 5$

と求まり、共有点の x 座標もそれぞれ $x = -2, 5$ となります。

よって、下の右図より、x の値が $x < -2$ と $5 < x$ の範囲ではグラフが x 軸の下側にあるので2次不等式 $x^2 + 5x + 4 > 0$ の解は $x < -2, 5 < x$ となります。

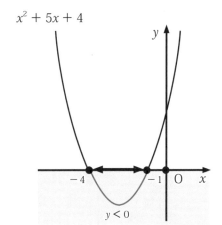

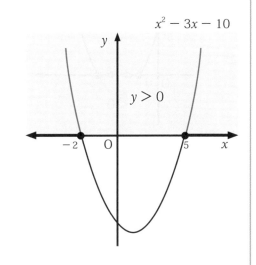

🖋 **2次不等式（2）**

2次不等式 $-x^2+6x-8>0$ を解いてみましょう。

まず、2次関数 $y=-x^2+6x-8$ のグラフと x 軸の共有点の x 座標を考えます。

$-x^2+6x-8=0$ を解くと、左辺をマイナスでくくってから因数分解して

$-(x^2-6x+8)=0$

$-(x-2)(x-4)=0$

$x-2=0$ または $x-4=0$ となるので、$x=2,4$

と求まり、共有点の x 座標もそれぞれ $x=2,4$ となります。

よって、下の左図より、$2<x<4$ の範囲では y の値が y より大きくなっているので、

2次不等式 $-x^2+6x-8>0$ の解は $2<x<4$ であることがわかります。

同様に、2次不等式 $-x^2+6x-8<0$ を解いてみましょう。

下の右図より、x の値が $x<2$ と $4<x$ の範囲ではグラフが x 軸の下側にあります。

つまり、$x<2$ と $4<x$ の範囲では y の値が 0 より小さくなっているので、

2次不等式 $-x^2+6x-8<0$ の解は $x<2,4<x$ であることがわかります。

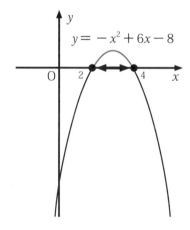 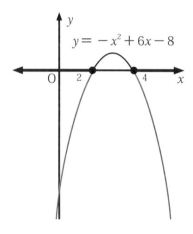

例題76 2次不等式（2）

次の2次不等式を解きなさい。

(1) $-x^2 + 7x - 10 > 0$

(2) $-x^2 + 4x + 12 < 0$

解答と解説

(1) $-x^2 + 7x - 10 = 0$ を解くと、左辺をマイナスでくくってから因数分解して

$-(x^2 - 7x + 10) = 0$

$-(x - 2)(x - 5) = 0$

$x - 2 = 0$ または $x - 5 = 0$ となるので、$x = 2, 5$

と求まり、共有点の x 座標もそれぞれ $x = 2, 5$ となります。

よって、下の左図より $2 < x < 5$ の範囲では y の値が0より大きくなっているので、2次不等式 $-x^2 + 7x - 10 > 0$ の解は $2 < x < 5$ となります。

(2) $-x^2 + 4x + 12 = 0$ を解くと、左辺をマイナスでくくってから因数分解して

$-(x^2 - 4x - 12) = 0$

$-(x + 2)(x - 6) = 0$

$x + 2 = 0$ または $x - 6 = 0$ となるので、$x = -2, 6$

と求まり、共有点の x 座標もそれぞれ $x = -2, 6$ となります。

よって、下の右図より x の値が $x < -2$ と $6 < x$ の範囲では y の値が0より小さくなっているので、2次不等式 $-x^2 + 4x + 12 < 0$ の解は $x < -2, 6 < x$ となります。

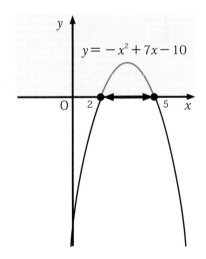

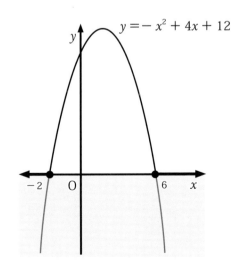

2次不等式（3）

例1 $x^2 - 2x + 1 > 0$ を解いてみましょう。

まず、2次関数 $y = x^2 - 2x + 1$ のグラフと x 軸の共有点の x 座標を考えます。

$x^2 - 2x + 1 = 0$ を解くと、左辺を因数分解して

$(x - 1)^2 = 0$　←因数分解の公式【1】$a^2 - 2ab + b^2 = (a - b)^2$

$x - 1 = 0$ となるので、$x = 1$

と求まり、共有点の x 座標も $x = 1$ となります。

よって、下の左図より、x が 1 以外のすべての実数で y の値が 0 より大きくなっているので、2次不等式 $x^2 - 2x + 1 > 0$ の解は、**1 以外のすべての実数**となります。

同様に $x^2 - 2x + 1 \geqq 0$ を解いてみましょう。

下の左図より、x がすべての実数で y の値が 0 以上になっているので、
2次不等式 $x^2 - 2x + 1 \geqq 0$ の解は、**すべての実数**となります。

例2 $x^2 - 2x + 1 < 0$ を解いてみましょう。

下の右図より、y の値が 0 より小さくなる x の値はないので、
2次不等式 $x^2 - 2x + 1 < 0$ の**解はなし**。

同様に $x^2 - 2x + 1 \leqq 0$ を解いてみましょう。

下の右図より、y の値が 0 以下になる x の値は $x = 1$ のみなので、
2次不等式 $x^2 - 2x + 1 \leqq 0$ の解は $x = 1$ となります。

例1

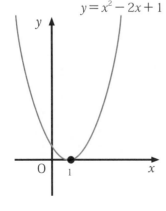

$y = x^2 - 2x + 1$

例2

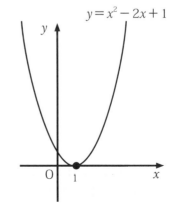

$y = x^2 - 2x + 1$

例題 77 2次不等式（3）

次の 2 次不等式を解きなさい。

(1) $x^2 + 6x + 9 > 0$

(2) $-x^2 - 4x - 4 \geqq 0$

解答と解説

(1) $x^2 + 6x + 9 = 0$ を解くと、左辺を因数分解して

$(x + 3)^2 = 0$

$x + 3 = 0$ となるので、$x = -3$

と求まり、共有点の x 座標も $x = -3$ となります。

よって、下の左図より、x が -3 以外のすべての実数で y の値が 0 より大きくなっているので、2 次不等式 $x^2 + 6x + 9 > 0$ の解は、**-3 以外のすべての実数**となります。

(2) $-x^2 - 4x - 4 = 0$ を解くと、左辺をマイナスでくくってから因数分解して

$-(x^2 + 4x + 4) = 0$

$-(x + 2)^2 = 0$

$x + 2 = 0$ となるので、$x = -2$

と求まり、共有点の x 座標も $x = -2$ となります。

下の右図より、y の値が 0 以上になる x の値は $x = -2$ のみなので、

2 次不等式 $-x^2 - 4x - 4 \geqq 0$ の解は、$x = -2$ となります。

$y = x^2 + 6x + 9$

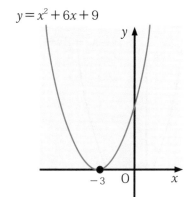

$y = -x^2 - 4x - 4$

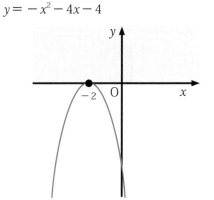

💡 2次不等式（4）

$x^2-2x+3>0$ を解いてみましょう。

まず、2次関数 $y=x^2-2x+3$ のグラフと x 軸の共有点の x 座標を考えます。

2次方程式 $x^2-2x+3=0$ の解として求めることができるので、

解の公式を利用して解くと、

$$x=\frac{-(-2)\pm\sqrt{(-2)^2-4\times1\times3}}{2\times1}=\frac{2\pm\sqrt{4-12}}{2}=\frac{2\pm\sqrt{-8}}{2}$$

となり、根号のなかが負の数となるので解はありません。

ここで、2次関数 $y=x^2-2x+3$ のグラフの頂点の座標を求めると、

$y=x^2-2x+3=x^2-2x+1-1+3=(x-1)^2+2$

より、$(1,2)$ となり、グラフと x 軸の共有点はないことがわかります。

よって、下の左図より、すべての実数で y の値が 0 より大きくなっているので、

2次不等式 $x^2-2x+1>0$ の解は、**すべての実数**となります。

同様に $x^2-2x+3<0$ を解いてみましょう。

下の右図より、y の値が 0 より小さくなる x の値はないので、

2次不等式 $x^2-2x+3<0$ の**解はなし**となります。

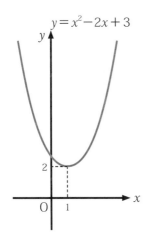

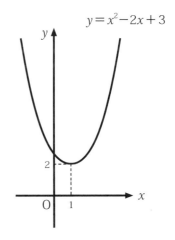

例題 78　2次不等式（4）

次の2次不等式を解きなさい。

(1) $-x^2 + 2x - 2 < 0$

(2) $-x^2 + 2x - 2 > 0$

解答と解説

(1) $-x^2 + 2x - 2 = 0$ を解の公式を利用して解くと、

$$x = \frac{-2 \pm \sqrt{2^2 - 4 \times (-1) \times (-2)}}{2 \times (-1)} = \frac{-2 \pm \sqrt{4 - 8}}{-2} = \frac{-2 \pm \sqrt{-4}}{-2}$$

根号のなかが負の数となるので解はないので、

グラフと x 軸の共有点もないことがわかります。

よって、下の左図より、すべての実数で y の値が 0 より小さくなっているので、

2次不等式 $x^2 + 2x + 4 < 0$ の解は、**すべての実数**となります。

(2) 下の右図より、y の値が 0 より大きくなる x の値はないので、

2次不等式 $-x^2 + 2x - 2 > 0$ の**解はなし**となります。

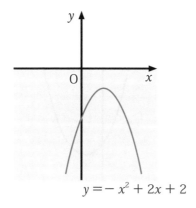

$y = -x^2 + 2x + 2$

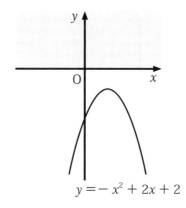

$y = -x^2 + 2x + 2$

Step｜基礎問題

各問の空欄に当てはまる用語・記号・式をそれぞれ適切に答えなさい。

問1　$x^2 = 3$ を解くと、

　　　x は3の平方根（2乗して3になる数）となるので、$x = \boxed{}$

問2　$x^2 + 6x + 8 = 0$ を解くと、

　　　左辺を因数分解して、$(x + \boxed{})(x + \boxed{}) = 0$ となるので、

　　　$x = \boxed{}, \boxed{}$ となる。

問3　$2x^2 + 5x + 1 = 0$ の解は、

　　　$x = \dfrac{\boxed{} \pm \sqrt{\boxed{}}}{\boxed{}}$ となる。

問4　2次関数のグラフが x 軸と交わる点のことを、グラフと x 軸の $\boxed{}$ という。

問5　2次関数 $y = ax^2 + bx + c$ のグラフと x 軸の共有点の x 座標は、2次方程式 $ax^2 + bx + c = 0$ の $\boxed{}$ であるといえる。

問6　下図より、2次不等式 $x^2 - 5x + 6 < 0$ の解は $\boxed{}$ となる。

問7　下図より、2次不等式 $x^2 - 5x + 6 > 0$ の解は $\boxed{}, \boxed{}$ となる。

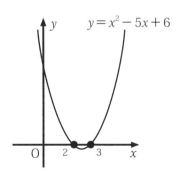

解　答

問1：$\pm\sqrt{3}$　　問2：$(x + 2)(x + 4), -2 と -4$　　問3：$\dfrac{-5 \pm \sqrt{17}}{4}$

問4：共有点　　問5：解　　問6：$2 < x < 3$　　問7：$x < 2, 3 < x$

Jump｜レベルアップ問題

各問の設問文を読み、問題に答えなさい。

問1 2次関数 $y = 3x^2 - 5x - 2$ のグラフと x 軸の共有点の座標を求めなさい。

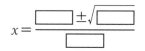

問2 2次関数 $y = x^2 + 5x + 3$ のグラフと x 軸の共有点の x 座標を求めなさい。

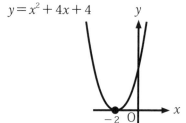

問3 2次不等式 $x^2 + 4x + 4 \geqq 0$ を解くと、その解は □ である。次の①〜④のうちから正しいものを一つ選べ。

ただし、右の図は2次関数 $y = x^2 + 4x + 4$ のグラフである。

   ① $x = -2$

   ② $x \geqq -2$

   ③ 解はなし

   ④ すべての実数

問4 2次不等式 $(x+1)(x-3) < 0$ を解くと、その解は □ である。次の①〜④のうちから正しいものを一つ選べ。

   ① $x < -1, 3 < x$

   ② $-1 < x < 3$

   ③ $x < -3, 1 < x$

   ④ $-3 < x < 1$

問5 2次不等式 $-x^2 + 2x + 8 < 0$ を解くと、その解は □ である。次の①〜④のうちから正しいものを一つ選べ。

   ① $-2 < x < 4$

   ② $x < -2, 4 < x$

   ③ $-2 \leqq x \leqq 4$

   ④ $x \leqq -2, 4 \leqq x$

解 答 ・ 解 説

問1　2次関数のグラフと x 軸の共有点の座標は、2次方程式の解で求められるので、
2次方程式 $3x^2-5x-2=0$ を解くと、左辺を因数分解して
$(3x+1)(x-2)=0$

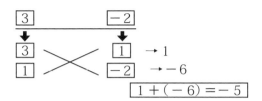

$3x+1=0$ または $x-2=0$ となるので、$x=-\dfrac{1}{3},2$

と求まり、共有点の座標は $\left(-\dfrac{1}{3},0\right),(2,0)$ となります。

問2　2次方程式 $x^2+5x+3=0$ を解の公式を利用して解きます。
解の公式に $a=1,b=5,c=3$ を代入します。

よって、$x=\dfrac{-5\pm\sqrt{5^2-4\times1\times3}}{2\times1}=\dfrac{-5\pm\sqrt{25-12}}{2}=\dfrac{-5\pm\sqrt{13}}{2}$

と求まり、共有点の x 座標は $x=\dfrac{-5\pm\sqrt{13}}{2}$ となります。

問3　図より、x がすべての実数で y の値が0以上になっているので、2次不等式
$x^2+4x+4\geqq0$ の解は**すべての実数**となり、正しい解答は④となります。

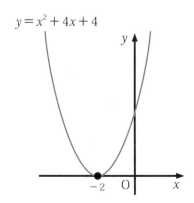

$y=x^2+4x+4$

問4　2次不等式 $(x+1)(x-3)=0$ を解きます。

$x+1=0$ または $x-3=0$ となるので、$x=-1,3$ と求まり、

共有点の x 座標もそれぞれ $x=-1,3$ となります。

よって、図より、

x の値が $-1<x<3$ の範囲では

y の値が 0 より小さくなっているので、

2次不等式 $(x+1)(x-3)<0$ の解は

$-1<x<3$ となり、正しい解答は②となります。

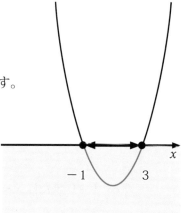

$y=(x+1)(x-3)$

問5　2次方程式 $-x^2+2x+8=0$ を解きます。左辺をマイナスでくくってから因数分解すると、

$-(x^2-2x-8)=0$

$-(x+2)(x-4)=0$

$x+2=0$ または $x-4=0$ となるので、

$x=-2,4$ と求まり、共有点の x 座標も

それぞれ $x=-2,4$ となります。

よって、図より、

x の値が $x<-2$ と $4<x$ の範囲では

y の値が 0 より小さくなっているので、

2次不等式 $-x^2+2x+8<0$ の解は

$x<-2,4<x$ となり、

正しい解答は②となります。

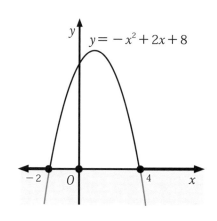

$y=-x^2+2x+8$

第4章
図形と計量

1. 三角比

三角比は紀元前に測量のために考え出され、山の高さなど直接測ることができないものまで求めることができるようになりました。第1節では三角形の辺と角の間にはどのような関係が成り立つかを確認し、三角比の理解を深めていきましょう。

Hop｜重要事項

相似な三角形

形はまったく同じで、大きさだけが異なる図形どうしの関係を**相似**といいます。

相似な三角形については次の性質が成り立ちます。

【1】相似な三角形は対応する辺の長さの比がすべて等しい。

【2】相似な三角形は対応する角の大きさがそれぞれ等しい。

下の図で、△ABC と△DEF が相似であるとき、

【1】より、AB：DE＝BC：EF＝AC：DF

【2】より、∠A＝∠D，∠B＝∠E，∠C＝∠F となります。

※辺 AB は AB, 角 A は∠A, または∠BAC, ∠CAB と表します。

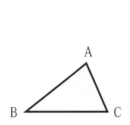
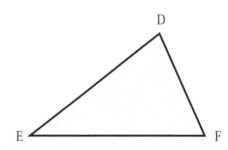

上の図で、AB＝3，DE＝6，BC＝4 のとき、EF の長さを求めてみましょう。

【1】より、　　AB：DE＝BC：EF

よって、　　　3：6＝4：EF

比の性質から、3×EF＝6×4　←比の性質 $a:b=c:d$ ならば、$a \times d = b \times c$

　　　　　　　3EF＝24

したがって、　　**EF＝8**　　　と求められます。

例題 79 相似な三角形

下の図で、△ABCと△DEFが相似であるとき、次の辺の長さを求めなさい。

(1) AC

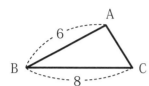

(2) EF

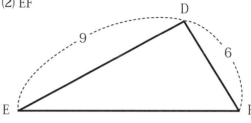

解答と解説

(1) 相似な三角形は対応する辺の長さの比がすべて等しいので、

$$AB : DE = AC : DF$$

よって、　　　　　　$6 : 9 = AC : 6$

比の性質から、　　$6 \times 6 = 9 \times AC$

$$36 = 9AC$$

したがって、　　　**AC = 4**

(2) 相似な三角形は対応する辺の長さの比がすべて等しいので、

$$AB : DE = BC : EF$$

よって、　　　　　　$6 : 9 = 8 : EF$

比の性質から、　　$6 \times EF = 9 \times 8$

$$6EF = 72$$

したがって、　　　**EF = 12**

🔔 三平方の定理

直角三角形は、直角をはさむ2辺の長さを a, b として、斜辺の長さを c とすると

$$a^2 + b^2 = c^2$$

が成り立ち、これを**三平方の定理**といいます。

三平方の定理

$a^2 + b^2 = c^2$

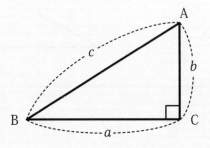

三平方の定理を用いて、直角三角形の辺の長さを求めてみましょう。

下の図で、AB の長さを求めると、三平方の定理より、

$$4^2 + 3^2 = x^2$$
$$16 + 9 = x^2$$
$$x^2 = 25$$

$x > 0$ より、$x = 5$

よって、**AB の長さは** 5 となります。

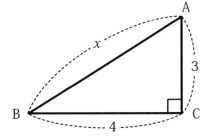

例題80 三平方の定理

下の図で、x の値を求めなさい。

(1)

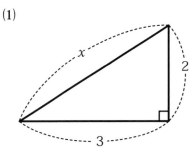

(2)

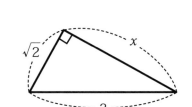

解答と解説

(1) 三平方の定理より、

$$2^2 + 3^2 = x^2$$
$$4 + 9 = x^2$$
$$x^2 = 13$$
$$x > 0 \text{ より、} x = \sqrt{13}$$

(2) 三平方の定理より、

$$x^2 + (\sqrt{2})^2 = 3^2$$
$$x^2 + 2 = 9$$
$$x^2 = 7$$
$$x > 0 \text{ より、} x = \sqrt{7}$$

基本的な三角形の三角比

3つの角が、90°, 30°, 60°の直角三角形と、90°, 45°, 45°の直角二等辺三角形の3辺の長さの間には、下図のような比の関係が成り立っています。

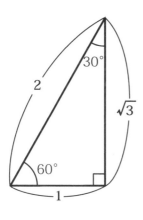 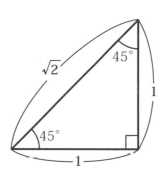

たとえば、右図のような直角三角形のx, yの値を求めると、

AB：AC ＝ 2：1 より、$x : 3 = 2 : 1$ となるので、

これを解くと $x = 6$

AC：BC ＝ 1：$\sqrt{3}$ より、$3 : y = 1 : \sqrt{3}$ となるので

これを解くと $y = 3\sqrt{3}$

と求めることができます。

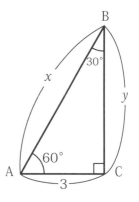

例題 81 基本的な三角形の三角比

下の図で、x, y の値を求めなさい。

(1)

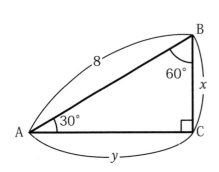

(2)

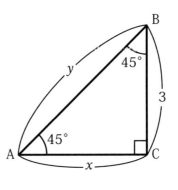

解答と解説

(1) AB : BC = 2 : 1 より、8 : x = 2 : 1 となるので

これを解くと、$8 \times 1 = x \times 2$

$x = 4$

AB : AC = 2 : $\sqrt{3}$ より、8 : y = 2 : $\sqrt{3}$ となるので

これを解くと、$8 \times \sqrt{3} = y \times 2$

$y = 4\sqrt{3}$

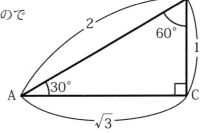

(2) AC : BC = 1 : 1 より、x : 3 = 1 : 1 となるので

$x = 3$

AB : BC = $\sqrt{2}$: 1 より、y : 3 = $\sqrt{2}$: 1 となるので

これを解くと、$y \times 1 = 3 \times \sqrt{2}$

$y = 3\sqrt{2}$

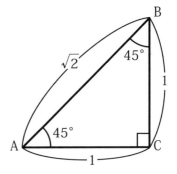

三角比

∠C＝90°である直角三角形の3辺の比は、三角形の大きさに関係なく、

∠Aの大きさA、または∠Bの大きさBで決まります。

∠Aに着目して、3辺の比について考えると、

$\dfrac{a}{c}$ の値を A のサイン（正弦）

$\dfrac{b}{c}$ の値を A のコサイン（余弦）

$\dfrac{a}{b}$ の値を A のタンジェント（正接）

といい、それぞれ $\sin A, \cos A, \tan A$ と書きます。

$A＝30°$ であれば、$\sin A$ は $\sin 30°$ と表します。

また、サイン、コサイン、タンジェントをまとめて、**三角比**といいます。

$$\sin A = \frac{a}{c} \qquad \cos A = \frac{b}{c} \qquad \tan A = \frac{a}{b}$$

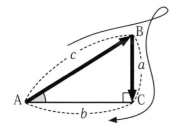 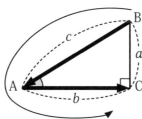 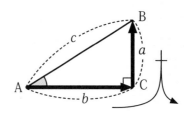

たとえば、上の図で、$a＝3, b＝4, c＝5$ のとき、A の三角比は、

$$\sin A = \frac{a}{c} = \frac{3}{5}$$

$$\cos A = \frac{b}{c} = \frac{4}{5}$$

$$\tan A = \frac{a}{b} = \frac{3}{4} \quad となります。$$

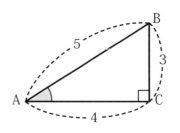

例題82 三角比

図の直角三角形で、∠A＝Aとしたとき、次の三角比の値を求めなさい。

(1) $\sin A$

(2) $\cos A$

(3) $\tan A$

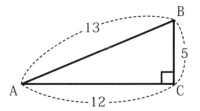

解答と解説

(1) $\sin A = \dfrac{BC}{AB} = \dfrac{5}{13}$

(2) $\cos A = \dfrac{AC}{AB} = \dfrac{12}{13}$

(3) $\tan A = \dfrac{BC}{AC} = \dfrac{5}{12}$

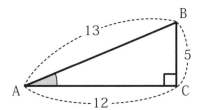

※下の図の直角三角形において、∠A に注目した場合、A と向かい合う辺を対辺、A と直角を結ぶ辺を底辺といいます。また、直角と向かい合う辺を斜辺といいます。よって、三角比の定義を次のように表すこともできます。

$$\sin A = \frac{a}{c} = \frac{対辺}{斜辺} \qquad \cos A = \frac{b}{c} = \frac{底辺}{斜辺} \qquad \tan A = \frac{a}{b} = \frac{対辺}{底辺}$$

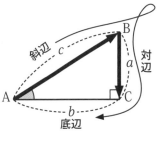 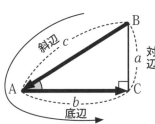 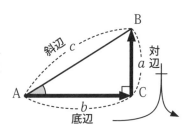

🦉 基本的な直角三角形の三角比

3つの角が、90°，30°，60° の直角三角形と、90°，45°，45°の直角二等辺三角形の3辺の比から三角比を求めてみましょう。

右図より、

$$\sin 30° = \frac{BC}{AB} = \frac{1}{2}$$

$$\cos 30° = \frac{AC}{AB} = \frac{\sqrt{3}}{2}$$

$$\tan 30° = \frac{BC}{AC} = \frac{1}{\sqrt{3}}$$

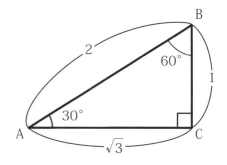

右図より、

$$\sin 45° = \frac{BC}{AB} = \frac{1}{\sqrt{2}}$$

$$\cos 45° = \frac{AC}{AB} = \frac{1}{\sqrt{2}}$$

$$\tan 45° = \frac{BC}{AC} = \frac{1}{1} = 1$$

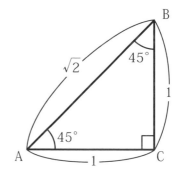

右図より、

$$\sin 60° = \frac{AC}{AB} = \frac{\sqrt{3}}{2}$$

$$\cos 60° = \frac{BC}{AB} = \frac{1}{2}$$

$$\tan 60° = \frac{AC}{BC} = \frac{\sqrt{3}}{1} = \sqrt{3}$$

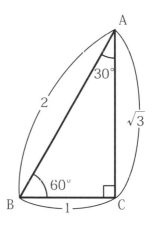

三角比の表

三角比の値は、三角比の表からすべて確認できます。

下の表はその一部で、三角比の値を小数で、第4位まで示してあります。

この表より、たとえば $\sin 28° = 0.4695$, $\cos 30° = 0.8660$, $\tan 32° = 0.6249$

であることや、$\sin A = 0.5446$ となる A の大きさは $33°$ であることがわかります。

角	sin	cos	tan
27°	0.4540	0.8910	0.5095
28°	→0.4695	0.8829	0.5317
29°	0.4848	0.8746	0.5543
30°	0.5000→	0.8660	0.5774
31°	0.5150	0.8572	0.6009
32°	0.5299	0.8480	→0.6249
33°	←0.5446	0.8387	0.6494

例題83 三角比の表

三角比の表を用いて次の値を求めなさい。

(1) $\sin 31°$

(2) $\cos 27°$

(3) $\tan A = 0.5543$ となる A

角	sin	cos	tan
27°	0.4540	0.8910	0.5095
28°	0.4695	0.8829	0.5317
29°	0.4848	0.8746	0.5543
30°	0.5000	0.8660	0.5774
31°	0.5150	0.8572	0.6009
32°	0.5299	0.8480	0.6249
33°	0.5446	0.8387	0.6494

解答と解説

(1) $\sin 31° = 0.5150$

(2) $\cos 27° = 0.8910$

(3) $A = 29°$

角	sin	cos	tan
27° (2)	0.4540→	0.8910	0.5095
28°	0.4695	0.8829	0.5317
29°	←0.4848	0.8746	(3) 0.5543
30°	0.5000	0.8660	0.5774
31° (1)	→0.5150	0.8572	0.6009
32°	0.5299	0.8480	0.6249
33°	0.5446	0.8387	0.6494

三角比（サイン）の利用

下の図で AB＝10m, A＝32°のとき、BC の長さを四捨五入して小数第 1 位まで求めてみましょう。

長さがすでにわかっている辺（斜辺）と、長さを求めたい辺（対辺）との関係から、サインの値を利用して辺の長さを求めます。

$\sin A = \dfrac{BC}{AB}$ に、AB＝10, A＝32° を代入すると、

$\sin 32° = \dfrac{BC}{10}$ となります。

p. 166 の三角比の表より、$\sin 32° = 0.5299$ であるから、

$0.5299 = \dfrac{BC}{10}$ となり、両辺に 10 を掛けると、

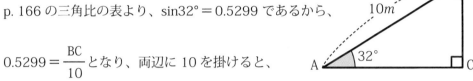

$0.5299 \times 10 = \dfrac{BC}{10} \times 10$

$5.299 = BC$ となり、小数第 2 位を四捨五入して小数第 1 位まで求めると、
$5.299 \fallingdotseq 5.3$ となるので、BC の長さは**およそ 5.3m** となります。

同様に三角比の値を利用して角度を求めてみましょう。
下の図で AB＝50m, BC＝27m のとき、A の大きさを求めたい場合、
長さがすでにわかっている辺（斜辺と対辺）の関係から、サインの値を利用して
角度を求めます。

$\sin A = \dfrac{BC}{AB}$ に、AB＝50 , BC＝27 を代入すると、

$\sin A = \dfrac{27}{50} = 27 \div 50 = 0.54$ となります。

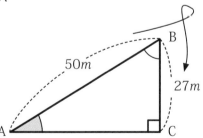

三角比の表より、この値に一番近いのは
$\sin 33° = 0.5446$ であるから、
A の大きさは**およそ 33°**となります。

例題84 三角比（サイン）の利用

例題83の三角比の表（p.166）を用いて次のおよその値を求めなさい。ただし(1)は小数第2位を四捨五入して小数第1位まで求めなさい。

(1) BCの長さ　　　　　　　　　　　　　　(2) Aの大きさ

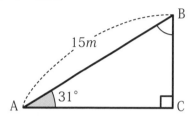 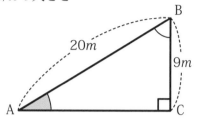

解答と解説

(1) $\sin A = \dfrac{BC}{AB}$ に、AB = 15, A = 31°を代入すると、

$\sin 31° = \dfrac{BC}{15}$ となります。

また、三角比の表より、$\sin 31° = 0.5150$ なので、

$0.5150 = \dfrac{BC}{15}$ となり、両辺に 15 を掛けると、

$0.5150 \times 15 = \dfrac{BC}{15} \times 15$

$7.725 = BC$

$7.725 ≒ 7.7$　　よって、BC は**およそ 7.7m**

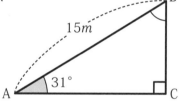

(2) $\sin A = \dfrac{BC}{AB}$ に、AB = 20, BC = 9 を代入すると、

$\sin A = \dfrac{9}{20} = 9 ÷ 20 = 0.45$ となります。

三角比の表より、この値に一番近いのは

$\sin 27° = 0.4540$ であるから、

A の大きさは**およそ 27°**

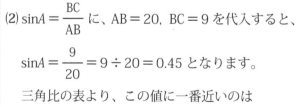 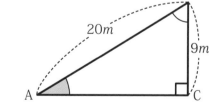

🖉 三角比（コサイン）の利用

下の図で AB＝5m, A＝29° のとき、AC の長さを四捨五入して小数第 1 位まで求めてみましょう。

長さがすでにわかっている辺（斜辺）と、長さを求めたい辺（底辺）との関係から、コサインの値を利用して辺の長さを求めます。

$\cos A = \dfrac{AC}{AB}$ に、AB＝5, A＝29° を代入すると、

$\cos 29° = \dfrac{AC}{5}$　となります。

p. 166 の三角比の表より、$\cos 29° = 0.8746$ であるから、

$0.8746 = \dfrac{AC}{5}$ となり、両辺に 5 を掛けると、

$0.8746 \times 5 = \dfrac{AC}{5} \times 5$

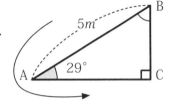

4.373＝AC となり、小数第 2 位を四捨五入して小数第 1 位まで求めると、
$4.373 ≒ 4.4$ となるので、AC の長さは**およそ 4.4m** となります。

同様に三角比の値を利用して角度を求めてみましょう。

下の図で AB＝25m, AC＝22m のとき、A の大きさを求めたい場合、
長さがすでにわかっている辺（斜辺と底辺）の関係から、コサインの値を利用して角度を求めます。

$\cos A = \dfrac{AC}{AB}$ に、AB＝25, AC＝22 を代入すると、

$\cos A = \dfrac{22}{25} = 22 \div 25 = 0.88$　となります。

三角比の表より、この値に一番近いのは
$\cos 28° = 0.8829$ であるから、
A の大きさは**およそ 28°** となります。

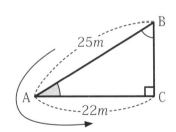

例題85 三角比（コサイン）の利用

例題83の三角比の表（p.166）を用いて次のおよその値を求めなさい。ただし(1)は小数第２位を四捨五入して小数第１位まで求めなさい。

(1) ACの長さ

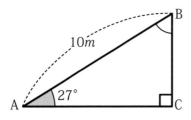

(2) Aの大きさ

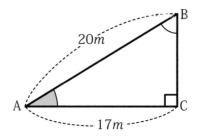

解答と解説

(1) $\cos A = \dfrac{\text{AC}}{\text{AB}}$ に、AB＝10, $A＝27°$ を代入すると、

$\cos 27° = \dfrac{\text{AC}}{10}$ となります。

また、三角比の表より、 $\cos 27° = 0.8910$ なので、

$0.8910 = \dfrac{\text{AC}}{10}$ となり、両辺に 10 を掛けると、

$0.8910 \times 10 = \dfrac{\text{AC}}{10} \times 10$

$8.910 = \text{AC}$

$8.910 ≒ 8.9$　　よって、AC は**およそ 8.9m**

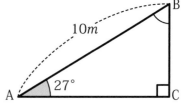

(2) $\cos A = \dfrac{\text{AC}}{\text{AB}}$ に、AB＝20, AC＝17 を代入すると、

$\cos A = \dfrac{17}{20} = 17 \div 20 = 0.85$ となります。

三角比の表より、この値に一番近いのは

$\cos 32° = 0.8480$ であるから、

A の大きさは**およそ 32°**

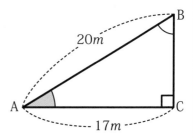

三角比(タンジェント)の利用

下の図で AC = 10m, A = 28°のとき、BC の長さを四捨五入して小数第 1 位まで求めてみましょう。

長さがすでにわかっている辺(底辺)と、長さを求めたい辺(対辺)との関係から、タンジェントの値を利用して辺の長さを求めます。

$\tan A = \dfrac{BC}{AC}$ に、AC = 10, A = 28° を代入すると、

$\tan 28° = \dfrac{BC}{10}$ となります。

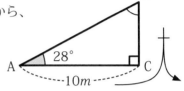

p. 166 の三角比の表より、 $\tan 28°$ = 0.5317 であるから、

$0.5317 = \dfrac{BC}{10}$ となり、両辺に 10 を掛けると、

$0.5317 \times 10 = \dfrac{BC}{10} \times 10$

5.317 = BC となり、小数第 2 位を四捨五入して小数第 1 位まで求めると、

5.317 ≒ 5.3 となるので、BC の長さは**およそ 5.3m** となります。

同様に三角比の値を利用して角度を求めてみましょう。

下の図で AC = 15m, BC = 9m のとき、A の大きさを求めたい場合、

長さがすでにわかっている辺(底辺と対辺)の関係から、タンジェントの値を利用して角度を求めます。

$\tan A = \dfrac{BC}{AC}$ に、AC = 15, BC = 9 を代入すると、

$\tan A = \dfrac{9}{15} = \dfrac{3}{5} = 3 \div 5 = 0.6$ となります。

三角比の表より、この値に一番近いのは
$\tan 31°$ = 0.6009 であるから、
A の大きさは**およそ 31°**となります。

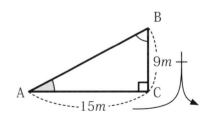

例題86 三角比（タンジェント）の利用

例題83の三角比の表（p.166）を用いて次のおよその値を求めなさい。ただし(1)は小数第2位を四捨五入して小数第1位まで求めなさい。

(1) BCの長さ

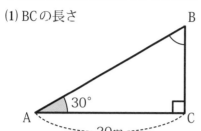

(2) Aの大きさ

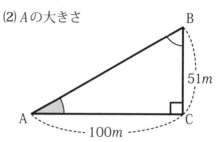

解答と解説

(1) $\tan A = \dfrac{BC}{AC}$ に、AC = 20, $A = 30°$を代入すると、

$\tan 30° = \dfrac{BC}{20}$ となります。

また、三角比の表より、 $\tan 30° = 0.5774$ なので、

$0.5774 = \dfrac{BC}{20}$ となり、両辺に 20 を掛けると、

$0.5774 \times 20 = \dfrac{BC}{20} \times 20$

$11.548 = BC$

$11.548 ≒ 11.5$ 　 よって、BC は**およそ 11.5m**

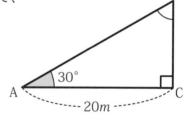

(2) $\tan A = \dfrac{BC}{AC}$ に、AC = 100, BC = 51 を代入すると、

$\tan A = \dfrac{51}{100} = 51 \div 100 = 0.51$ となります。

三角比の表より、この値に一番近いのは $\tan 27° = 0.5095$ であるから、

A の大きさは**およそ 27°**

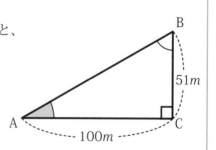

Step | **基礎問題**

各問の空欄に当てはまる用語・記号・式をそれぞれ適切に答えなさい。

問1　右図の直角三角形において、

$$\sin A = \frac{\boxed{}}{\boxed{}}$$

$$\cos A = \frac{\boxed{}}{\boxed{}}$$

$$\tan A = \frac{\boxed{}}{\boxed{}}$$

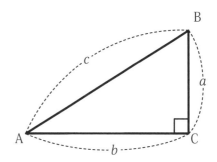

問2　下図の直角三角形において、3辺には次の比が成り立ちます。

3つの角が 90°, 30°, 60° の直角三角形は、$a:b:c=\boxed{}:\boxed{}:\boxed{}$

3つの角が 90°, 45°, 45° の直角三角形は、$a:b:c=\boxed{}:\boxed{}:\boxed{}$

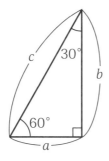 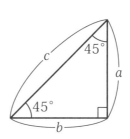

問3　直角三角形の3辺の比より、

$$\sin 60° = \boxed{} \quad \cos 45° = \boxed{} \quad \tan 30° = \boxed{} \quad \text{となる。}$$

 解　答

問1：$\dfrac{a}{c}, \dfrac{b}{c}, \dfrac{a}{b}$　　問2：$1, \sqrt{3}, 2, 1, 1, \sqrt{2}$　　問3：$\dfrac{\sqrt{3}}{2}, \dfrac{1}{\sqrt{2}}, \dfrac{1}{\sqrt{3}}$

Jump｜レベルアップ問題

各問の設問文を読み、問題に答えなさい。

問1　右の図の直角三角形において、
　　　AB＝5, BC＝3, AC＝4 で、
　　　∠A の大きさを A としたとき、
　　　A の三角比をすべて求めなさい。

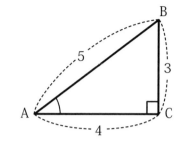

問2　右の図の直角三角形において、
　　　AB＝13, BC＝5, AC＝12 で、
　　　∠B の大きさを B としたとき、
　　　B の三角比をすべて求めなさい。

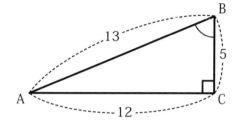

問3　あるビルの地点 C から 30m 離れた地点 A
　　　がある。A からビルの先端 B を見上げた角度が
　　　65°であるとき、ビルの高さ BC を四捨五入して
　　　小数第1位まで求めなさい。
　　　ただし、sin65°＝ 0.9063, cos65°＝ 0.4226,
　　　tan65°＝ 2.1445 とする。

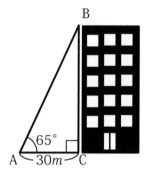

問4　右図のように AB＝220cm のすべり台があり、
　　　すべり台の頂上 B から地面に対して垂直に下した
　　　線と地面との接点を C とする。AC＝150cm
　　　のとき、三角比の表を用いて、∠BAC の大きさ
　　　として最も適当なものを選びなさい。

　　　　① 44°以上 45°未満

　　　　② 45°以上 46°未満

　　　　③ 46°以上 47°未満

　　　　④ 47°以上 48°未満

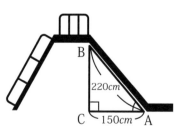

角	sin	cos	tan
45°	0.7071	0.7071	1.0000
46°	0.7193	0.6947	1.0355
47°	0.7314	0.6820	1.0724
48°	0.7431	0.6691	1.1106

解答・解説

問1 三角比の定義より、$\sin A = \dfrac{BC}{AB} = \dfrac{3}{5}$　$\cos A = \dfrac{AC}{AB} = \dfrac{4}{5}$

$\tan A = \dfrac{BC}{AC} = \dfrac{3}{4}$

問2 三角比の定義より、$\sin B = \dfrac{AC}{AB} = \dfrac{12}{13}$　$\cos B = \dfrac{BC}{AB} = \dfrac{5}{13}$

$\tan B = \dfrac{AC}{BC} = \dfrac{12}{5}$

問3 長さがすでにわかっている辺 AC（底辺）と、長さを求めたい辺 BC（対辺）との関係から、タンジェントの値を利用して辺の長さを求めます。

$\tan A = \dfrac{BC}{AC}$ に、AC = 30, $A = 65°$ を代入すると、$\tan 65° = \dfrac{BC}{30}$ となります。

$\tan 65° = 2.1445$ より、$2.1445 = \dfrac{BC}{30}$ となり、両辺に 30 を掛けると、

$2.1445 \times 30 = \dfrac{BC}{30} \times 30$

$64.335 = BC$

$64.335 ≒ 64.3$

よって、BC はおよそ **64.3m**

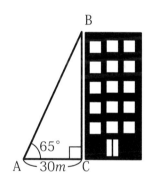

問4 長さがすでにわかっている辺 AB（斜辺）と辺 AC（底辺）の関係から、コサインの値を利用して角度を求めます。

$\cos A = \dfrac{AC}{AB}$ に、AB = 220, AC = 150 を代入すると、

$\cos A = \dfrac{150}{220} = \dfrac{15}{22} = 15 \div 22 = 0.6818\cdots$

となります。

よって、三角比の表より、∠BAC の大きさは、④ の **47°以上 48°未満**となります。

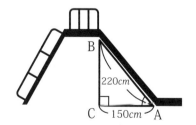

角	sin	cos	tan
45°	0.7071	0.7071	1.0000
46°	0.7193	0.6947	1.0355
47°	0.7314	0.6820	1.0724
48°	0.7431	0.6691	1.1106

2. 三角比の応用

第2節ではこれまで学習してきた三角比に関してより深く学習していきます。三角比を用いた公式もいくつか登場しますが、高卒認定試験に必ず出題される内容なので、問題演習を繰り返してしっかり活用できるようにしていきましょう。

Hop｜重要事項

 三角比の拡張

座標平面を利用することで、鈍角の三角比も表すことができます。

右図のように原点 O を中心とする半径 r の
半円の周上に点 P(x, y) をとります。
∠AOP ＝ θ（シータ）とすると、
θ の三角比は、次のようになります。

$$\sin\theta = \frac{y}{r}, \cos\theta = \frac{x}{r}, \tan\theta = \frac{y}{x}$$

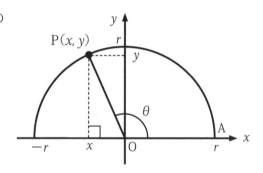

たとえば、θ ＝ 120°のときの三角比は
右図より 180°−120°＝60°
の直角三角形を考えます。
よって、r＝2、P の座標は（−1, $\sqrt{3}$）
となるので、

$$\sin120° = \frac{y}{r} = \frac{\sqrt{3}}{2}$$

$$\cos120° = \frac{x}{r} = \frac{-1}{2} = -\frac{1}{2}$$

$$\tan120° = \frac{y}{x} = \frac{\sqrt{3}}{-1} = -\sqrt{3} \quad \text{となります。}$$

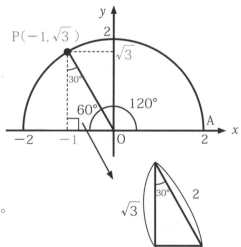

θ が鋭角の場合、θ の三角比の値の符号はすべてプラスになりますが、
θ が鈍角の場合、θ のコサインとタンジェントの符号はマイナスになります。

例題 87 三角比の拡張

下図の三角比の表を完成させなさい。

角	sin	cos	tan
135°			
150°			

解答と解説

$\theta = 135°$のときの三角比は下図より $180° - 135° = 45°$の直角三角形を、

$\theta = 150°$のときの三角比は下図より $180° - 150° = 30°$の直角三角形を考えます。

角	sin	cos	tan
135°	$\dfrac{1}{\sqrt{2}}$	$-\dfrac{1}{\sqrt{2}}$	-1
150°	$\dfrac{1}{2}$	$-\dfrac{\sqrt{3}}{2}$	$-\dfrac{1}{\sqrt{3}}$

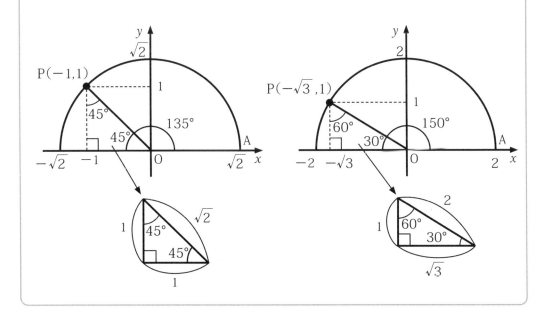

🔔 0°, 90°, 180°の三角比

座標平面を利用して、0°, 90°, 180°の三角比の値を考えてみましょう。

下図のように原点Oを中心とする、半径 $r=1$ の半円の周上に点 $P(x, y)$ をとると、0°, 90°, 180°の三角比の値は次のように表せます。

$$\sin 0° = \frac{y}{r} = \frac{0}{1} = 0, \quad \cos 0° = \frac{x}{r} = \frac{1}{1} = 1, \quad \tan 0° = \frac{y}{x} = \frac{0}{1} = 0$$

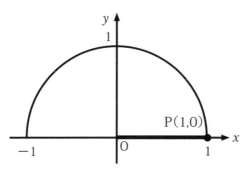

$$\sin 90° = \frac{y}{r} = \frac{1}{1} = 1, \quad \cos 90° = \frac{x}{r} = \frac{0}{1} = 0, \quad \tan 90° = \frac{y}{x} = \frac{1}{0} \text{ となり、}$$

値はない。

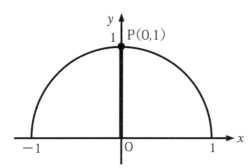

$$\sin 180° = \frac{y}{r} = \frac{0}{1} = 0, \quad \cos 180° = \frac{x}{r} = \frac{-1}{1} = -1, \quad \tan 180° = \frac{y}{x} = \frac{0}{-1} = 0$$

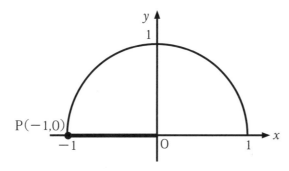

※図のような、中心が原点で半径が1の円を単位円といいます。単位円上に点 $P(x, y)$ をとると、点Pの x 座標が $\sin \theta$, y 座標が $\cos \theta$ の値となります。

例題88 $0°, 90°, 180°$の三角比

$\sin 90° + \cos 180° + \tan 0°$の値を求めなさい。

解答と解説

$\sin 90° = 1, \cos 180° = -1, \tan 0° = 0$ より、

$\sin 90° + \cos 180° + \tan 0° = 1 + (-1) + 0 = \boldsymbol{0}$

三角比の相互関係

図の直角三角形において、$\angle A = A$ とすると、

$\sin A = \dfrac{a}{c}$ より、

式の両辺に c を掛けると、

$\sin A \times c = \dfrac{a}{c} \times c$

$c\sin A = a$

また、$\cos A = \dfrac{b}{c}$ より、

式の両辺に c を掛けると、

$\cos A \times c = \dfrac{b}{c} \times c$

$c\cos A = b$

となります。

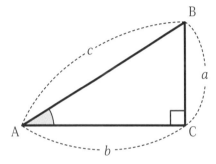

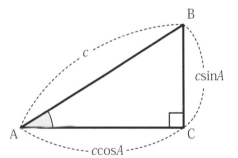

よって、$a = c\sin A,\ b = c\cos A \cdots$ ①

と表せます。これを用いて、次の関係式が導かれます。

【1】$\tan A = \dfrac{a}{b}$ となり、この式の a, b に①を代入すると、

$$\tan A = \dfrac{a}{b} = \dfrac{c\sin A}{c\cos A} = \dfrac{\sin A}{\cos A} \qquad \text{よって、} \tan A = \dfrac{\sin A}{\cos A}$$

【2】三平方の定理より、$a^2 + b^2 = c^2$ となり、この式の a, b に①を代入すると、

$(c\sin A)^2 + (c\cos A)^2 = c^2$

$c^2(\sin A)^2 + c^2(\cos A)^2 = c^2$

両辺を c^2 で割ると、$(\sin A)^2 + (\cos A)^2 = 1$

$(\sin A)^2 = \sin^2 A, \ (\cos A)^2 = \cos^2 A$ と表すと、$\sin^2 A + \cos^2 A = 1$

三角比の相互関係

$$\tan A = \dfrac{\sin A}{\cos A} \qquad\qquad \sin^2 A + \cos^2 A = 1$$

三角比の相互関係の式を利用することで、1つの三角比の値から残り2つの三角比の値を求めることができます。

A が鋭角で、$\cos A = \dfrac{3}{4}$ のとき、$\sin A, \tan A$ の値を求めてみましょう。

$\sin^2 A + \cos^2 A = 1$ の式に、$\cos A = \dfrac{3}{4}$ を代入すると、

$\sin^2 A + (\dfrac{3}{4})^2 = 1$

$\sin^2 A = 1 - (\dfrac{3}{4})^2 = 1 - \dfrac{9}{16} = \dfrac{7}{16}$

A が鋭角より、$\sin A > 0$ であるから、$\sin A = \sqrt{\dfrac{7}{16}} = \dfrac{\sqrt{7}}{\sqrt{16}} = \dfrac{\sqrt{7}}{4}$ と求められます。

また、$\tan A = \dfrac{\sin A}{\cos A}$ の式に、$\cos A = \dfrac{3}{4}, \sin A = \dfrac{\sqrt{7}}{4}$ を代入すると、

$\tan A = \dfrac{\sin A}{\cos A} = \sin A \div \cos A = \dfrac{\sqrt{7}}{4} \div \dfrac{3}{4} = \dfrac{\sqrt{7}}{\cancel{4}} \times \dfrac{\cancel{4}}{3} = \dfrac{\sqrt{7}}{3}$ と求められます。

例題89 三角比の相互関係

A が鈍角で、$\sin A = \dfrac{2}{3}$ のとき、$\cos A,\ \tan A$ の値を求めなさい。

解答と解説

$\sin^2 A + \cos^2 A = 1$ の式に、$\sin A = \dfrac{2}{3}$ を代入すると、

$(\dfrac{2}{3})^2 + \cos^2 A = 1$

$\cos^2 A = 1 - (\dfrac{2}{3})^2 = 1 - \dfrac{4}{9} = \dfrac{5}{9}$

A が鈍角より、$\cos A < 0$ であるから、$\cos A = -\sqrt{\dfrac{5}{9}} = -\dfrac{\sqrt{5}}{\sqrt{9}} = -\dfrac{\sqrt{5}}{3}$

また、$\tan A = \dfrac{\sin A}{\cos A}$ の式に、$\cos A = -\dfrac{\sqrt{5}}{3}$, $\sin A = \dfrac{2}{3}$ を代入すると、

$\tan A = \dfrac{\sin A}{\cos A} = \sin A \div \cos A = \dfrac{2}{3} \div (-\dfrac{\sqrt{5}}{3}) = \dfrac{2}{\cancel{3}} \times (-\dfrac{\cancel{3}}{\sqrt{5}}) = -\dfrac{2}{\sqrt{5}}$

🔔 90°－Aの三角比

下図の直角三角形において、∠A＝A、∠B＝Bとすると

$A + B + 90° = 180°$ であるので

$B = 180° - 90° - A = 90° - A$ と表すことができます。

よって、下図より、

$\sin A = \dfrac{a}{c}$, $\cos B = \cos(90° - A) = \dfrac{a}{c}$ となるので、$\sin A = \cos(90° - A)$

$\cos A = \dfrac{b}{c}$, $\sin B = \sin(90° - A) = \dfrac{b}{c}$ となるので、$\cos A = \sin(90° - A)$

が成り立ちます。

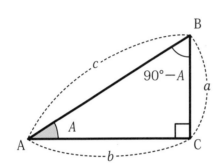 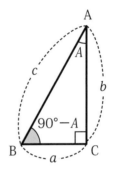

90°－ A の三角比

$$\sin A = \cos(90° - A) \qquad\qquad \cos A = \sin(90° - A)$$

この式を用いて、sin75°をコサインで、cos55°をサインで表すと、

$\sin 75° = \cos(90° - 75°) = \cos 15°$

$\cos 55° = \sin(90° - 55°) = \sin 35°$

となります。

sin35°の値を求めなさい。

ただし、sin55°＝0.8192, cos55°＝0.5736, tan55°＝1.4281 とする。

解答と解説

sin$A$＝cos$(90°-A)$より、 sin35°＝cos$(90°-35°)$＝cos55°

よって、 sin35°＝**0.5736** となります。

🖋 180°－θの三角比

下図のように原点Oを中心とする半径rの半円の周上に、∠AOP＝θとなる点P(x, y)をとり、点Pとy軸で対称な点Q$(-x, y)$をとると、 ∠AOQ＝180°－θとなります。ここで、θと180°－θの三角比を考えると、次のようになります。

$$\sin\theta = \frac{y}{r}, \sin(180°-\theta) = \frac{y}{r}$$

$$\cos\theta = \frac{x}{r}, \cos(180°-\theta) = \frac{-x}{r} = -\frac{x}{r}$$

$$tan\theta = \frac{y}{x}, tan(180°-\theta) = \frac{y}{-x} = -\frac{y}{x}$$

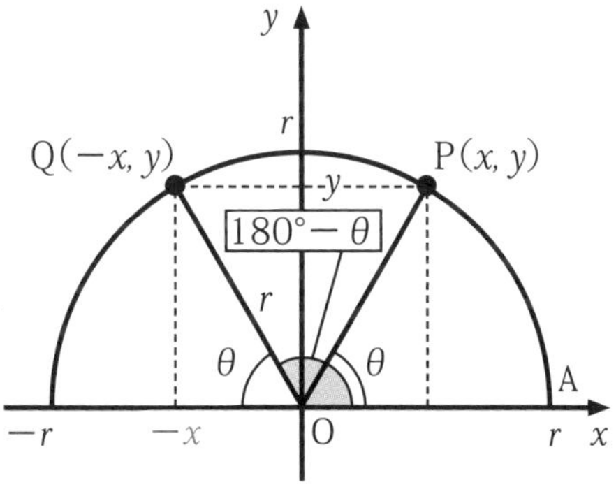

よって、次の関係が成り立ちます。

180°－θの三角比

$$\sin\theta = \sin(180°-\theta) \qquad \cos\theta = -\cos(180°-\theta) \qquad \tan\theta = -\tan(180°-\theta)$$

この式を用いて、100°の三角比を鋭角の三角比で表すと、

$\sin 100° = \sin(180° - 100°) = \sin 80°$

$\cos 100° = -\cos(180° - 100°) = -\cos 80°$

$\tan 100° = -\tan(180° - 100°) = -\tan 80°$

となります。

例題 91 180°－Aの三角比

cos160°の値を求めなさい。

ただし、$\sin 20° = 0.3420, \cos 20° = 0.9397, \tan 20° = 0.3640$ とする。

解答と解説

$\cos \theta = -\cos(180° - \theta)$　より、$\cos 160° = -\cos(180° - 160°) = -\cos 20°$

$\cos 20° = 0.9397$　より、$-\cos 20° = -0.9397$

よって、**cos160° ＝ －0.9397**

⚗ 正弦定理

△ABC で、∠A に向かい合う辺の長さを a、∠B に向かい合う辺の長さを b、
∠C に向かい合う辺の長さを c で表すと、

$$\frac{a}{\sin A} = \frac{b}{\sin B} = \frac{c}{\sin C}$$

が成り立ち、これを**正弦定理**といいます。

正弦定理が成り立つことを確認してみましょう。
△ABC の頂点 C から対辺 AB に垂線 CH を引きます。

△ACH で、$\sin A = \dfrac{CH}{b}$

両辺に b を掛けると、$CH = b\sin A$ … ①

△BHC で、$\sin B = \dfrac{CH}{a}$

両辺に a を掛けると、$CH = a\sin B$ … ②

①②より $b\sin A = a\sin B$

この両辺を $\sin A \times \sin B$ で割ると

$$\frac{b\sin A}{\sin A \times \sin B} = \frac{a\sin B}{\sin A \times \sin B}$$

$$\frac{b}{\sin B} = \frac{a}{\sin A}$$

同様にして

$$\frac{c}{\sin C} = \frac{a}{\sin A}$$

も成り立つことがわかります。

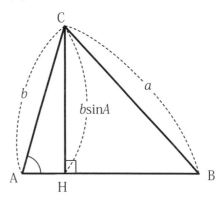

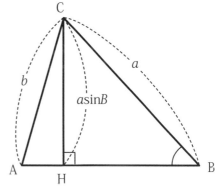

正弦定理

$$\frac{a}{\sin A} = \frac{b}{\sin B} = \frac{c}{\sin C}$$

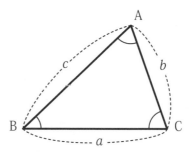

185

$\sin A = \dfrac{4}{5}$, $\sin B = \dfrac{3}{5}$, $BC = 6cm$ のとき AC の長さを求めると、

正弦定理により $\qquad \dfrac{a}{\sin A} = \dfrac{b}{\sin B}$ ←正弦定理から必要な等式を取り出します。

$$a \div \sin A = b \div \sin B$$

値を代入すると、 $\qquad 6 \div \dfrac{4}{5} = b \div \dfrac{3}{5}$

$$6 \times \dfrac{5}{4} = b \times \dfrac{5}{3}$$

$$\dfrac{15}{2} = b \times \dfrac{5}{3}$$

$$b = \dfrac{15}{2} \div \dfrac{5}{3} = \dfrac{15}{2} \times \dfrac{3}{5} = \dfrac{9}{2}$$

よって、$AC = \dfrac{9}{2} cm$

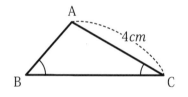

例題92 正弦定理

図の△ABCにおいて、$AC = 4cm$, $\sin B = \dfrac{1}{\sqrt{2}}$ $\sin C = \dfrac{1}{2}$ のとき、ABの長さを求めなさい。

解答と解説

1つの辺と2つの角の三角比がわかっているので正弦定理を利用します。

$$\dfrac{b}{\sin B} = \dfrac{c}{\sin C}$$

$$b \div \sin B = c \div \sin C$$

値を代入すると、 $4 \div \dfrac{1}{\sqrt{2}} = c \div \dfrac{1}{2}$

$$4 \times \sqrt{2} = c \times 2$$

$$4\sqrt{2} = 2c$$

$$c = 4\sqrt{2} \div 2$$

$$c = 4\sqrt{2} \times \dfrac{1}{2}$$

$$c = 2\sqrt{2}$$

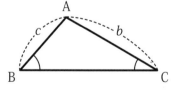

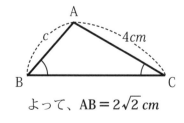

よって、$AB = 2\sqrt{2}\,cm$

🔖 余弦定理

△ABC で、∠A に向かい合う辺の長さを a、∠B に向かい合う辺の長さを b、

∠C に向かい合う辺の長さを c で表すと、

$$a^2 = b^2 + c^2 - 2bc\cos A$$

が成り立ち、これを **余弦定理** といいます。

余弦定理が成り立つことを確認してみましょう。

△ABC で、頂点 C から対辺 AB に垂線 CH を引きます。

直角三角形CHB で三平方の定理を用いると

$$a^2 = \mathrm{CH}^2 + \mathrm{BH}^2 \cdots ①$$

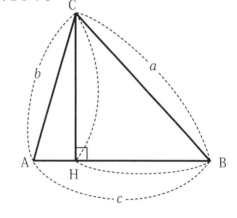

直角三角形AHC で

$$\sin A = \frac{\mathrm{CH}}{b} \text{ より、} \mathrm{CH} = b\sin A \cdots ②$$

$$\cos A = \frac{\mathrm{AH}}{b} \text{ より、} \mathrm{AH} = b\cos A$$

$$\mathrm{BH} = \mathrm{AB} - \mathrm{AH} = c - b\cos A \cdots ③$$

①②③より

$$
\begin{aligned}
a^2 &= \mathrm{CH}^2 + \mathrm{BH}^2 \\
&= (b\sin A)^2 + (c - b\cos A)^2 \quad ※1 \\
&= b^2\sin^2 A + c^2 - 2bc\cos A + b^2\cos^2 A \\
&= b^2\sin^2 A + b^2\cos^2 A + c^2 - 2bc\cos A \\
&= b^2(\sin^2 A + \cos^2 A) + c^2 - 2bc\cos A \quad ※2 \\
&= b^2 \times 1 + c^2 - 2bc\cos A \\
&= b^2 + c^2 - 2bc\cos A
\end{aligned}
$$

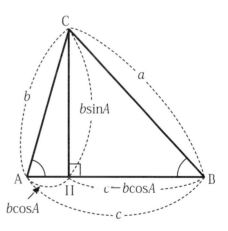

同様にして、

$b^2 = c^2 + a^2 - 2ca\cos B$ と $c^2 = a^2 + b^2 - 2ab\cos C$ も成り立ちます。

※1：乗法公式 $(a-b)^2 = a^2 - 2ab + b^2$

※2：三角比の相互関係 $\sin^2 A + \cos^2 A = 1$

余弦定理

$a^2 = b^2 + c^2 - 2bc\cos A$

$b^2 = c^2 + a^2 - 2ca\cos B$

$c^2 = a^2 + b^2 - 2ab\cos C$

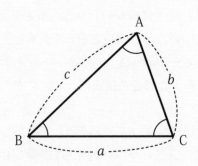

AB $= 3cm$, AC $= 2cm$, $\cos A = \dfrac{1}{2}$ のとき BC の長さを求めると、

余弦定理により　　　$a^2 = b^2 + c^2 - 2bc\cos A$

値を代入すると、　　$a^2 = 2^2 + 3^2 - 2 \times 2 \times 3 \times \dfrac{1}{2}$

　　　　　　　　　　$a^2 = 4 + 9 - 6$

　　　　　　　　　　$a^2 = 7$

　　$a > 0$ であるから　$a = \sqrt{7}$

　　よって、BC $= \sqrt{7}\ cm$

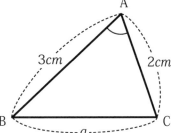

例題 93 **余弦定理**

図の △ABC において、AB $= 8cm$, BC $= 5cm$,

$\cos B = \dfrac{1}{2}$ のとき、AC の長さを求めなさい。

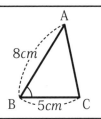

解答と解説

2つの辺とその間の角がわかっているので、余弦定理を利用します。

$b^2 = c^2 + a^2 - 2ca\cos B$

値を代入すると、　$b^2 = 8^2 + 5^2 - 2 \times 8 \times 5 \times \dfrac{1}{2}$

　　　　　　　　　$b^2 = 64 + 25 - 40$

　　　　　　　　　$b^2 = 49$

$b > 0$ であるから　$b = 7$

よって、AC $= 7cm$

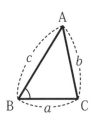
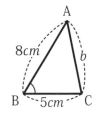

💡 三角形の面積

△ABC で、∠A に向かい合う辺の長さを a、∠B に向かい合う辺の長さを b、
∠C に向かい合う辺の長さを c で表し、△ABC の面積 S とすると

$$S = \frac{1}{2}bc\sin A$$

が成り立ちます。

この式が成り立つことを確認してみましょう。

△ABC で、面積を S、高さを h とすると、

三角形の面積 ＝ 底辺 × 高さ × $\frac{1}{2}$ より、

$$S = \frac{1}{2}ch \cdots ①$$

また $\sin A = \dfrac{h}{b}$ より、

$$h = b\sin A \cdots ②$$

①に②を代入すると

$$S = \frac{1}{2}c \times b\sin A$$
$$= \frac{1}{2}bc\sin A$$

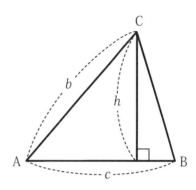

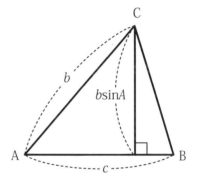

三角形の面積

$$S = \frac{1}{2}bc\sin A$$

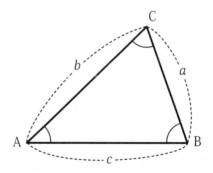

AB＝5cm, AC＝4cm, sin$A$＝$\dfrac{\sqrt{3}}{2}$ のとき△ABC の面積 S は、

三角形の面積の公式より S＝$\dfrac{1}{2}$ bcsin$A$

値を代入すると、　　S＝$\dfrac{1}{2}×4×5×\dfrac{\sqrt{3}}{2}$

　　　　　　　　　　＝$5\sqrt{3}$

よって、△ABC の面積は $5\sqrt{3}$ cm^2

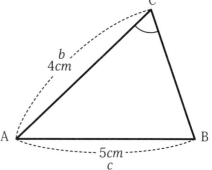

例題94 三角形の面積

図の△ABC において、AB＝2cm, AC＝3cm,

sin$A$＝$\dfrac{\sqrt{3}}{2}$ のとき△ABC の面積を求めなさい。

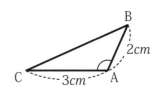

解答と解説

2つの辺とその間の角がわかっているので、

三角形の面積の公式 S＝$\dfrac{1}{2}$ bcsin$A$　を利用します。

値を代入すると、　S＝$\dfrac{1}{2}×3×2×\dfrac{\sqrt{3}}{2}$

　　　　　　　　　＝$\dfrac{3\sqrt{3}}{2}$

よって、△ABC の面積は $\dfrac{3\sqrt{3}}{2}$ cm^2

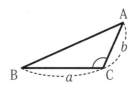

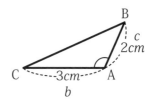

各問の空欄に当てはまる用語・記号・式をそれぞれ適切に答えなさい。

問1　座標平面を利用して、鈍角の三角比を考えると、

$$\sin 120° = \boxed{} \quad \cos 135° = \boxed{} \quad \tan 150° = \boxed{} \quad となる。$$

問2　θ が鋭角の場合、θ の三角比の値の符号はすべて $\boxed{}$ になり、

　　　θ が鈍角の場合、θ のコサインとタンジェントの符号は $\boxed{}$ になる。

問3　三角比の相互関係について次の式が成り立つ。

$$\tan A = \boxed{}$$

$$\sin^2 A + \cos^2 A = \boxed{}$$

問4　$90°-A$ の三角比について次の式が成り立つ。

$$\sin(90°-A) = \boxed{}$$
$$\cos(90°-A) = \boxed{}$$

問5　$\cos 70°$ の値は $\boxed{}$ になる。

　　　ただし、$\sin 20° = 0.3420, \cos 20° = 0.9397, \tan 20° = 0.3640$ とする。

🔍 **解　答**

問1：$\dfrac{\sqrt{3}}{2}, \dfrac{-1}{\sqrt{2}}, \dfrac{1}{-\sqrt{3}}$　　問2：プラス, マイナス　　問3：$\dfrac{\sin A}{\cos A}, 1$

問4：$\cos A, \sin A$　　問5：0.3420

問6 180°−θの三角比について次の式が成り立つ。

$$\boxed{} = \sin(180° - \theta)$$

$$\boxed{} = -\cos(180° - \theta)$$

$$\boxed{} = -\tan(180° - \theta)$$

問7 sin170°の値は $\boxed{}$ になる。

ただし、$\sin10° = 0.1736, \cos10° = 0.9848, \tan10° = 0.1763$ とする。

問8 tan130°の値は $\boxed{}$ になる。

ただし、$\sin50° = 0.7660, \cos50° = 0.6428, \tan50° = 1.1918$ とする。

問9 △ABC で、∠A に向かい合う辺の長さを a、∠B に向かい合う辺の長さを b、∠C に向かい合う辺の長さを c で表すと、次の式が成り立つ。

正弦定理　　　$\boxed{}$

余弦定理　　　$\boxed{}$

三角形の面積　$\boxed{}$

🔍**解 答**

問6：$\sin\theta, \cos\theta, \tan\theta$　問7：0.1736　問8：−1.1918　問9：$\dfrac{a}{\sin A} = \dfrac{b}{\sin B} = \dfrac{c}{\sin C}$,

$a^2 = b^2 + c^2 - 2bc\cos A$ $(b^2 = c^2 + a^2 - 2ca\cos B, c^2 = a^2 + b^2 - 2ab\cos C)$,

$S = \dfrac{1}{2}bc\sin A$ $\left(S = \dfrac{1}{2}ca\sin B, S = \dfrac{1}{2}ab\sin C\right)$

Jump｜レベルアップ問題

各問の設問文を読み、問題に答えなさい。

問1　sin30°＋cos120°＋tan135°の値を求めなさい。

問2　sin0°＋cos90°＋tan180°の値を求めなさい。

問3　$sinA＝\dfrac{3}{5}$, $cosA＝\dfrac{4}{5}$ のとき、$tanA$ の値を求めなさい。

問4　A が鈍角で $sinA＝\dfrac{\sqrt{7}}{4}$ のとき、$cosA$ の値を求めなさい。

問5　図の△ABC において、AB＝12cm, ∠BAC＝45°
　　　∠ACB＝60°のとき、BC の長さを求めなさい。

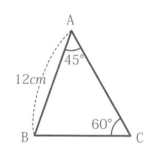

問6　図の△ABC において、AC＝3cm, BC＝2$\sqrt{2}$ cm,
　　　∠ACB＝135°のとき、AB の長さを求めなさい。

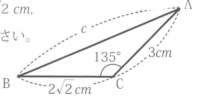

問7　図の△ABC において、AB＝7cm, BC＝8cm,
　　　B＝30°のとき、△ABC の面積を求めなさい。

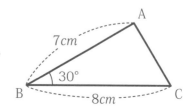

$$\text{解答・解説}$$

問 1　$\sin 30° = \dfrac{1}{2}$, $\cos 120° = -\dfrac{1}{2}$, $\tan 135° = -1$ より、

$$\sin 30° + \cos 120° + \tan 135° = \dfrac{1}{2} + \left(-\dfrac{1}{2}\right) + (-1) = -1$$

問 2　$\sin 0° = 0$, $\cos 90° = 0$, $\tan 180° = 0$ より、

$$\sin 0° + \cos 90° + \tan 180° = 0 + 0 + 0 = 0$$

問 3　三角比の相互関係より、$\tan A = \dfrac{\sin A}{\cos A}$ であるから、

$\sin A = \dfrac{3}{5}$, $\cos A = \dfrac{4}{5}$ を代入すると、

$$\tan A = \dfrac{\sin A}{\cos A} = \sin A \div \cos A = \dfrac{3}{5} \div \dfrac{4}{5} = \dfrac{3}{\cancel{5}} \times \dfrac{\cancel{5}}{4} = \dfrac{3}{4}$$

問 4　三角比の相互関係より、$\sin^2 A + \cos^2 A = 1$ であるから、

$\sin A = \dfrac{\sqrt{7}}{4}$ を代入すると、

$$\left(\dfrac{\sqrt{7}}{4}\right)^2 + \cos^2 A = 1$$

$$\cos^2 A = 1 - \left(\dfrac{\sqrt{7}}{4}\right)^2 = 1 - \dfrac{7}{16} = \dfrac{9}{16}$$

A が鈍角より $\cos A < 0$ であるから、$\cos A = -\sqrt{\dfrac{9}{16}} = -\dfrac{\sqrt{9}}{\sqrt{16}} = -\dfrac{3}{4}$

問5　正弦定理により　$\dfrac{a}{\sin A} = \dfrac{c}{\sin C}$

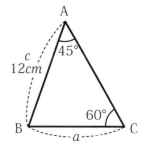

$$a \div \sin A = c \div \sin C$$

値を代入すると、$a \div \sin 45° = 12 \div \sin 60°$

$$a \div \dfrac{1}{\sqrt{2}} = 12 \div \dfrac{\sqrt{3}}{2}$$

$$a \times \dfrac{\sqrt{2}}{1} = 12 \times \dfrac{2}{\sqrt{3}}$$

$$\sqrt{2}\,a = \dfrac{24}{\sqrt{3}}$$

$$a = \dfrac{24}{\sqrt{3}} \div \sqrt{2}$$

$$a = \dfrac{24}{\sqrt{3}} \times \dfrac{1}{\sqrt{2}}$$

$$a = \dfrac{24}{\sqrt{6}}$$

分母を有理化すると、$a = \dfrac{24 \times \sqrt{6}}{\sqrt{6} \times \sqrt{6}}$

$$a = \dfrac{\cancel{24}^{\,4}\sqrt{6}}{\cancel{6}}$$

$$a = 4\sqrt{6}$$

よって、BC $= 4\sqrt{6}\ cm$

問6　余弦定理により　$c^2 = a^2 + b^2 - 2ab\cos C$

値を代入すると、

$c^2 = (2\sqrt{2})^2 + 3^2 - 2 \times 2\sqrt{2} \times 3 \times \cos 135°$

$c^2 = 8 + 9 - 2 \times 2\sqrt{2} \times 3 \times (-\dfrac{1}{\sqrt{2}})$

$c^2 = 17 - 12\sqrt{2} \times (-\dfrac{1}{\sqrt{2}})$

$c^2 = 17 + 12$

$c^2 = 29$

$c > 0$ であるから　$c = \sqrt{29}$

よって、$AB = \sqrt{29}\,cm$

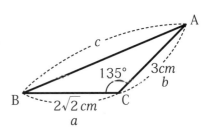

問7　三角形の面積の公式より $S = \dfrac{1}{2}ca\sin B$

値を代入すると、

$S = \dfrac{1}{2} \times 7 \times 8 \times \sin 30°$

$\sin 30° = \dfrac{1}{2}$ より

$S = \dfrac{1}{2} \times 7 \times 8 \times \dfrac{1}{2}$

$\quad = 14$

よって、$\triangle ABC$ の面積は $14\,cm^2$

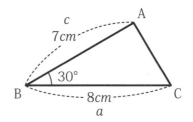

第5章
データの分析

5. データの分析

複数のデータがあるとき、ただデータを見比べるのではなく、データを整理することで、全体の傾向や特徴が理解しやすくなります。第5章ではデータの整理やデータの分析のしかたについて詳しく学習していきましょう。

Hop｜重要事項

データとヒストグラム

調査や実験などによって得られた結果を**データ**といいます。

次のデータは、15人が1か月で読んだ本の冊数です。

1, 0, 3, 1, 2, 3, 1, 2, 1, 2, 4, 0, 2, 1, 1　（冊）

下のグラフは、冊数ごとに人数をまとめたものです。

このようなグラフを**ヒストグラム**といいます。このヒストグラムからは、1冊の人数が最も多く、4冊の人数が最も少ないことがわかります。

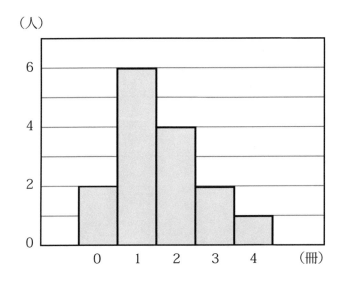

例題 95 データとヒストグラム

次のデータは、15人の小テストの得点です。ヒストグラムにまとめ、最も人数の多い得点と、最も人数の少ない得点を答えなさい。

3, 1, 4, 1, 3, 4, 0, 2, 3, 2, 3, 3, 2, 3, 2 (点)

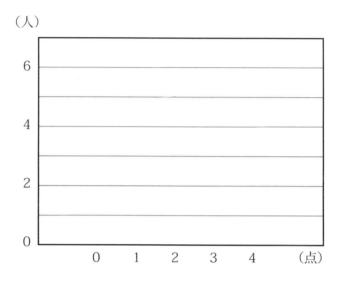

解答と解説

15人の得点をヒストグラムにまとめると下図のようになり、**最も人数の多い得点は3点**で、**最も人数の少ない得点は0点**となります。

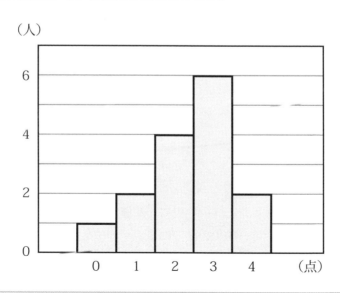

平均値

データのすべての値の合計をデータの個数で割った値を**平均値**といいます。

次のデータは、生徒 10 人の通学時間です。

$$20, 50, 30, 40, 90, 50, 60, 10, 30, 20 \quad (分)$$

通学時間の平均値を求めると、

$$(20 + 50 + 30 + 40 + 90 + 50 + 60 + 10 + 30 + 20) \div 10 = \frac{400}{10} = 40(分)$$

よって、通学時間の平均値は **40(分)** となります。

例題 96 平均値

次のデータは、生徒 8 人のテストの得点です。平均値を求めなさい。

$$60, 75, 50, 40, 80, 95, 30, 50 \quad (点)$$

解答と解説

データのすべての値の合計をデータの個数で割って平均値を求めます。

テストの得点の平均値を求めると、

$$(60 + 75 + 50 + 40 + 80 + 95 + 30 + 50) \div 8 = \frac{480}{8} = 60 \,(点)$$

よって、テストの得点の平均値は **60 (点)** となります。

中央値

データの値を小さい順に並べたとき、中央にくる値を**中央値**といいます。

データの個数が偶数のときは、中央の 2 つの値の平均値を中央値とします。

データのなかに極端な値があるとき、中央値はその値の影響を受けにくいので、より適した値となります。

データの個数が奇数のときの中央値を求めてみましょう。

次のデータは、Aさんが7試合で決めたシュートの本数です。

3，4，6，7，8，8，10　（本）

シュートの本数の中央値を求めると、データの個数が7つの場合、データを3つと3つに分けるので、4番目のデータの値が中央値となります。

3，4，6，7，8，8，10

よって、Aさんが決めたシュートの本数の中央値は7（本）なります。

データの個数が偶数のときの中央値を求めてみましょう。

次のデータは、Bさんが8試合で決めたシュートの本数です。

2，3，5，7，9，9，11，13　（本）

シュートの本数の中央値を求めると、データの個数が8つの場合、データを4つと4つに分けるので、4番目と5番目のデータの値の平均値が中央値となります。

2，3，5，7，9，9，11，13

よって、Bさんが決めたシュートの本数の中央値は（7＋9）÷2＝8（本）となります。

例題97 中央値

次のデータは、生徒10人のテストの得点です。中央値を求めなさい。

$$25，25，30，30，30，40，40，40，45，100　（点）$$

解答と解説

データの個数が偶数のときは、中央の2つの値の平均値を中央値とします。

データの個数が10個の場合、5番目と6番目のデータの値の平均値が中央値となります。

よって、テストの得点の中央値は $(30＋40)÷2＝$ **35（点）** となります。

※今回のデータの場合、ほかの値からかけ離れた値（100）があるため、平均値を求めると40.5（点）となり、平均点を下回っている生徒が8人となります。このような場合は平均値よりも中央値がより適した値となります。

最頻値

データのなかで最も個数の多い値をそのデータの**最頻値**といいます。

例題98 最頻値

次のデータは、10人の小テストの得点です。最頻値を求めなさい。

$$5, 2, 3, 2, 1, 3, 0, 4, 2, 1 \quad （点）$$

解答と解説

10人の得点のデータを小さい順にまとめると、

$$0, 1, 1, 2, 2, 2, 3, 3, 4, 5$$

となるので、最頻値は**2（点）**となります。

データの範囲

データの**最大値**から**最小値**を引いた値をデータの分布の**範囲**といいます。

次のデータは、AさんとBさんが7試合で決めたシュートの本数です。

　Aさん　　6, 5, 3, 5, 4, 7, 3　（本）
　Bさん　　3, 4, 1, 6, 5, 9, 7　（本）

Aさんが決めたシュートの本数の範囲は、7－3＝4（本）

Bさんが決めたシュートの本数の範囲は、9－1＝8（本）

よって、AさんよりBさんのほうがデータの範囲が大きいことから、散らばり度合いが大きいといえます。

例題99 データの範囲

次のデータは、AさんとBさんがそれぞれ1年で読んだ本の月ごとの冊数です。

データの範囲を求めて、データの散らばり度合いが大きいほうを答えなさい。

　Aさん　　5, 2, 3, 1, 4, 3, 5, 6, 1, 2, 4, 2　（冊）
　Bさん　　7, 6, 10, 8, 9, 7, 8, 10, 6, 9, 8, 7　（冊）

解答と解説

Aさんが読んだ本の冊数の範囲は、6－1＝5（冊）

Bさんが読んだ本の冊数の範囲は、10－6＝4（冊）

よって、Aさんのほうがデータの散らばり度合いが大きい。

四分位数

データの値を小さい順に並べたとき、4等分する位置にある値を**四分位数**といいます。四分位数は小さいほうから順に、**第1四分位数**、**第2四分位数**、**第3四分位数**といい、四分位数は次の手順で求めます。

① データの値を小さい順に並べます。

② 中央値を求めます。中央値を第2四分位数ともいいます。

③ 中央値(第2四分位数)を境にデータを2等分し、最小値を含むほうのデータを下位のデータ、最大値を含むほうのデータを上位のデータとします。

④ 下位のデータの中央値が第1四分位数、上位のデータの中央値が第3四分位数となります。

では、実際にデータの個数が10個のときの四分位数を求めてみましょう。

次のデータは、生徒10人の通学時間です。

$$25, 50, 30, 45, 80, 60, 65, 10, 35, 20 \quad （分）$$

手順に沿って四分位数を求めます。

① データの値を小さい順に並べます。

$$10, 20, 25, 30, 35, 45, 50, 60, 65, 80$$

② 5番目と6番目のデータの値の平均値が中央値となるので、

$(35＋45)÷2＝40$ より、第2四分位数は**40(分)** となります。

$$10, 20, 25, 30, 35, \quad 45, 50, 60, 65, 80$$

中央値

③ 中央値(第2四分位数)を境にデータを2等分し、

$10, 20, 25, 30, 35$ を下位、$45, 50, 60, 65, 80$ を上位とします。

④ 下位のデータの中央値は25となるので、第1四分位数は**25(分)**

上位のデータの中央値は60となるので、第3四分位数は**60(分)** となります。

データの個数が9個のときの四分位数を求めてみましょう。

次のデータは、生徒9人の通学時間です。

$$30, 50, 30, 45, 60, 65, 10, 35, 20 \ (分)$$

手順に沿って四分位数を求めてみましょう。

① データの値を小さい順に並べます。

10, 20, 30, 30, 35, 45, 50, 60, 65

② 5番目のデータの値が中央値となるので、第2四分位数は**35(分)**となります。

10, 20, 30, 30, 35, 45, 50, 60, 65

③ 中央値(第2四分位数)を境にデータを2等分し、

10, 20, 30, 30 を下位、45, 50, 60, 65 を上位とします。

④ 下位のデータの中央値は、$(20+30) \div 2 = 25$より、第1四分位数は**25(分)**となります。上位のデータの中央値は、$(50+60) \div 2 = 55$より、第3四分位数は**55(分)**となります。

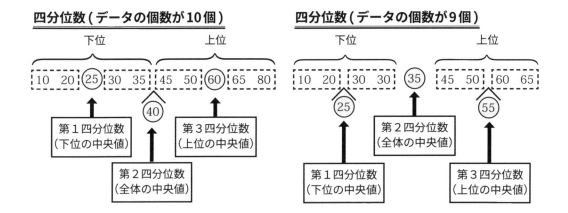

例題100 四分位数

次のデータは、生徒8人のテストの得点です。四分位数をそれぞれ求めなさい。

$$50, 40, 95, 70, 35, 65, 55, 80 \quad （点）$$

解答と解説

手順に沿って四分位数を求めてみましょう。

① データの値を小さい順に並べます。

$\quad$ 35, 40, 50, 55, 65, 70, 80, 95

② 4番目と5番目のデータの値の平均値が中央値となるので、

$\quad$ $(55 + 65) \div 2 = 60$ より、**第2四分位数は60（点）**となります。

$\quad$ 35, 40, 50, 55, $\quad$ 65, 70, 80, 95

③ 中央値（第2四分位数）を境にデータを2等分し、

$\quad$ 35, 40, 50, 55 を下位、$\quad$ 65, 70, 80, 95 を上位とします。

④ 下位のデータの中央値は、$(40 + 50) \div 2 = 45$ より、**第1四分位数は45（点）** となります。上位のデータの中央値は、$(70 + 80) \div 2 = 75$ より、**第3四分位数は75（点）**となります。

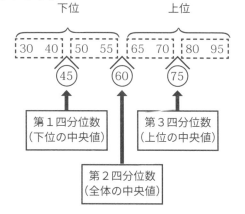

🕯 四分位範囲

第3四分位数から第1四分位数を引いた値を**四分位範囲**といいます。
ほかの値からかけ離れた値がある場合は、範囲よりも四分位範囲のほうがその影響を
受けにくく、データの散らばり度合いを考えるのにより適しているといえます。

例題101 四分位範囲

次のデータは、生徒11人のテストの得点です。四分位範囲を求めなさい。

$$40, 25, 60, 90, 45, 50, 20, 70, 30, 65, 85 \quad （点）$$

解答と解説

四分位範囲を求めるために、まずは四分位数をそれぞれ求めます。

① データの値を小さい順に並べます。

20, 25, 30, 40, 45, 50, 60, 65, 70, 85, 90

② 6番目のデータの値が中央値となるので、
第2四分位数は 50（点）となります。

20, 25, 30, 40, 45, 50, 60, 65, 70, 85, 90

③ 中央値（第2四分位数）を境にデータを2等分し、
20, 25, 30, 40, 45 を下位、60, 65, 70, 85, 90 を上位とします。

④ 下位のデータの中央値は 30 なので、第1四分位数は 30（点）となります。
上位のデータの中央値は 70 なので、第3四分位数は 70（点）となります。

（第3四分位数）－（第1四分位数）が四分位範囲なので、$70 - 30 = 40$ より
四分位範囲は **40（点）** となります。

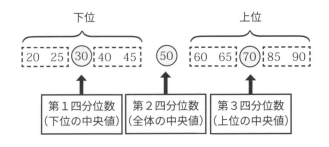

📖 箱ひげ図

下図のようにデータの四分位数と最大値、最小値を用いて、データの散らばり度合い
を表した図を**箱ひげ図**といいます。箱ひげ図は、全体の長さがデータの範囲を表し、
箱の長さがデータの四分位範囲を表しています。

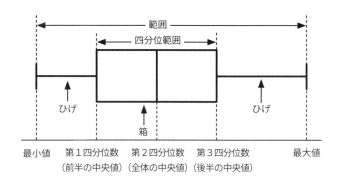

箱ひげ図は次の手順で書きます。

① データの四分位数、最大値、最小値を求めます。
② 左端が第1四分位数、右端が第3四分位数となる箱を書き、箱の中に第2四分位
　 数の線を引きます。
③ 最小値と最大値の線を引き、最小値から箱の左端までと、最大値から箱の右端ま
　 でのひげを書きます。

例題101の得点のデータを、最大値、最小値、四分位数をもとに、箱ひげ図で表す
と下図のようになります。
（最小値20, 最大値90, 第1四分位数30, 第2四分位数50, 第3四分位数70）

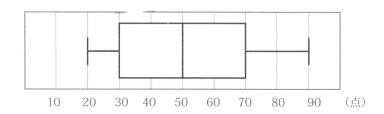

207

例題102 箱ひげ図

次のデータは生徒12人のテストの得点です。このデータを箱ひげ図で表しなさい。

$$30, 45, 55, 70, 85, 65, 90, 75, 45, 90, 20, 35 \quad (点)$$

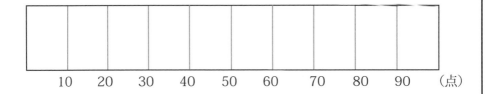

解答と解説

まずは四分位数をそれぞれ求めます。

① データの値を小さい順に並べます。

20, 30, 35, 45, 45, 55, 65, 70, 75, 85, 90, 90

② 6番目と7番目のデータの値の平均値が中央値となるので、

$(55 + 65) \div 2 = 60$ より、第2四分位数は 60（点）となります。

20, 30, 35, 45, 45, 55, 65, 70, 75, 85, 90, 90

③ 中央値（第2四分位数）を境にデータを2等分し、

20, 30, 35, 45, 45, 55 を下位、65, 70, 75, 85, 90, 90 を上位とします。

④ 下位のデータの中央値は、$(35 + 45) \div 2 = 40$ より、

第1四分位数は 40（点）となります。上位のデータの中央値は、$(75 + 85) \div 2 = 80$ より、第3四分位数は 80（点）となります。

最大値、最小値、四分位数をもとに、箱ひげ図で表すと下図のようになります。
（最小値 20, 最大値 90, 第1四分位数 40, 第2四分位数 60, 第3四分位数 80）

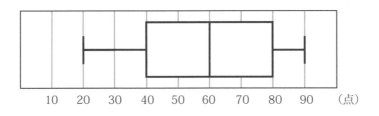

🔔 箱ひげ図の読み取り

下図は、生徒 20 人の数学と英語のテストの得点のデータの箱ひげ図です。

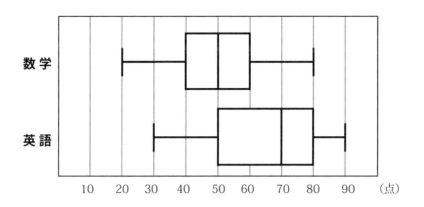

箱ひげ図からデータの値や範囲を読み取ってみましょう。

① 最小値・最大値

　　数学……最小値 20, 最大値 80

　　英語……最小値 30, 最大値 90

② 四分位数

　　数学……第 1 四分位数 40, 第 2 四分位数 50, 第 3 四分位数 60

　　英語……第 1 四分位数 50, 第 2 四分位数 70, 第 3 四分位数 80

③ 範囲・四分位範囲

　　数学……範囲 80 − 20 ＝ 60, 四分位範囲 60 − 40 ＝ 20

　　英語……範囲 90 − 30 ＝ 60, 四分位範囲 80 − 50 ＝ 30

たとえば、データの散らばり度合いを四分位範囲で比較すると、数学より英語のほうが四分位範囲が大きいので、データの散らばり度合いは英語のほうが大きいと考えられます。

また、数学と英語のテストで 50 点以下の人数を比較すると、数学のテストは第 2 四分位数（全体の中央値）が 50 点なので、少なくとも全体の半数にあたる 10 人は 50 点以下であることがわかり、英語のテストは第 1 四分位数（前半の中央値）が 50 点なので、少なくとも全体の四分の一にあたる 5 人は 50 点以下であることがわかります。

※箱ひげ図に×印で平均値を記入する場合もありますが、平均値が記入されていない場合は、箱ひげ図から平均値を求めることはできません。

例題103 箱ひげ図の読み取り

下図は、AさんとBさんが月ごとに読んだ本の冊数を1年間調べてそのデータをまとめた箱ひげ図です。この箱ひげ図から読み取れることとして正しいものを一つ選びなさい。

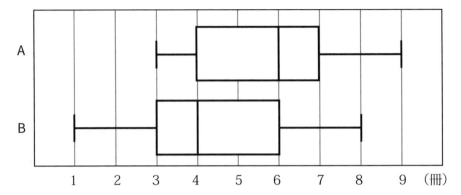

① 四分位範囲はAさんのほうが小さい。

② 第1四分位数はBさんのほうが大きい。

③ Aさんの第3四分位数とBさんの中央値の値は等しい。

④ Bさんは本を4冊以上読んだ月が少なくとも6か月以上ある。

解答と解説

① 箱の長さがデータの四分位範囲を表しています。

　Aさんの四分位範囲は $7-4=3$, Bさんの四分位範囲は $6-3=3$

　よって、四分位範囲は等しいので①は誤りです。

② 箱の左端が第1四分位数を表しています。

　Aさんの第1四分位数4, Bさんの第1四分位数は3

　よって、第1四分位数はAさんのほうが大きいので②は誤りです。

③ 箱の右端が第3四分位数、箱のなかの線が中央値を表しています。

　Aさんの第3四分位数は7, Bさんの中央値は4

　よって、それぞれの値は異なるので③は誤りです。

④ Bさんの中央値は4であり、少なくとも全体（12か月）の半数にあたる6か月は4冊以上読んだ月であることがわかるので、**④は正しい**です。

ヒストグラムと箱ひげ図

ヒストグラムと箱ひげ図の関係について考えてみましょう。

4つのヒストグラムA〜Dとそれに対応した箱ひげ図があります。

それぞれヒストグラムの形と箱ひげ図を比較すると、次のことがいえます。

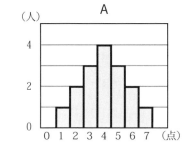

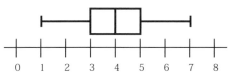

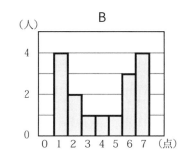

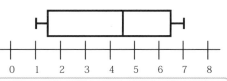

A：ヒストグラムの中央付近にデータが多いということは、中央付近の散らばりが小さいということになるので、箱ひげ図の箱が小さくなります。

B：ヒストグラムの中央付近にデータが少ないということは、中央付近の散らばりが大きいということになるので、箱ひげ図の箱が大きくなります。

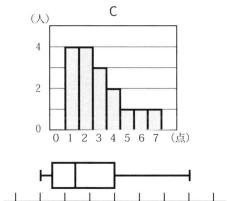

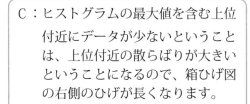

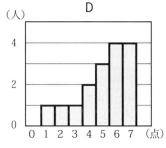

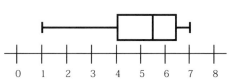

C：ヒストグラムの最大値を含む上位付近にデータが少ないということは、上位付近の散らばりが大きいということになるので、箱ひげ図の右側のひげが長くなります。

D：ヒストグラムの最小値を含む下位付近にデータが少ないということは、下位付近の散らばりが大きいということになるので、箱ひげ図の左側のひげが長くなります。

例題104 ヒストグラムと箱ひげ図

次のヒストグラムに対応する箱ひげ図を選びなさい。

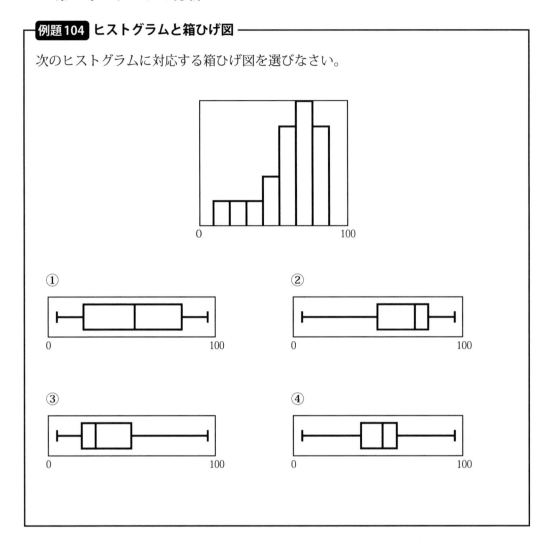

解答と解説

ヒストグラムは下位付近の柱が低くなっているので、下位付近のデータの散らばり
が大きいということが読み取れます。

したがって、箱ひげ図の左側のひげが長くなるので、上のヒストグラムに対応する
箱ひげ図は②となります。

🔑 分散と標準偏差

データの各値から平均値を引いた値を**偏差**といいます。

また、偏差の２乗の平均値を**分散**といい、分散の正の平方根を**標準偏差**といいます。

> 偏差：（データの個々の値）−（平均値）
>
> 分散：$S^2 =$（偏差）$^2 \div$（データの個数）
>
> 標準偏差：$S =$ 分散の正の平方根

次のデータは、ＡさんとＢさんがバスケットボールの試合で、１試合目から５試合目までで決めたゴールの本数を順に並べたものです。

Ａさん　2, 4, 5, 8, 11（本）　　　Ｂさん　5, 7, 8, 9, 11（本）

それぞれ平均値を求めると、

Ａさん $(2+4+5+8+11) \div 5 = \dfrac{30}{5} = 6$（本）

Ｂさん $(5+7+8+9+11) \div 5 = \dfrac{40}{5} = 8$（本）　　　となります。

平均値からＡさんの１試合目のゴールの本数の偏差を求めてみましょう。

偏差は（データの個々の値）−（平均値）で求められるので、$2 - 6 = -4$ となります。

同様にＡさんとＢさんの偏差をすべて求めてまとめると、下の表のようになります。

Ａさん

得点	2	4	5	8	11
偏差	−4	−2	−1	2	5

Ｂさん

得点	5	7	8	9	11
偏差	−3	−1	0	1	3

この表からＡさんとＢさんが決めたゴールの本数の分散を求めます。

分散は（偏差の２乗の値の合計）÷（データの個数）で求められるので、

Ａさん $\{(-4)^2 + (-2)^2 + (-1)^2 + 2^2 + 5^2\} \div 5 = \dfrac{50}{5} = 10$

Ｂさん $\{(-3)^2 + (-1)^2 + 0^2 + 1^2 + 3^2\} \div 5 = \dfrac{20}{5} = 4$　となります。

さらに分散から標準偏差を求めると、

Aさんの標準偏差（分散の正の平方根）は、$\sqrt{10}$

Bさんの標準偏差は（分散の正の平方根）は、$\sqrt{4} = 2$ となります。

一般に分散や標準偏差が大きいほどデータの散らばり度合いが大きく、分散や標準偏差が小さいほどデータの各値が平均値の近くに分布している傾向にあります。

したがって、AさんとBさんが決めたゴールの本数は、Aさんのほうが散らばり度合いが大きいといえます。

また、四分位範囲は中央値を基にデータの散らばり度合いを表す値であるのに対し、分散や標準偏差は平均値を基にデータの散らばり度合いを表す値であるといえます。

例題105 分散と標準偏

次のデータは、10人の小テストの得点です。分散と標準偏差を求めなさい。

$$2, 3, 3, 4, 5, 5, 6, 6, 7, 9 \quad （点）$$

解答と解説

平均値を求めると、

$$(2 + 3 + 3 + 4 + 5 + 5 + 6 + 6 + 7 + 9) \div 10 = \frac{50}{10} = 5 \quad （点）$$

平均値から小テストの得点の偏差を求めてまとめると、下の表のようになります。

得点	2	3	3	4	5	5	6	6	7	9
偏差	-3	-2	-2	-1	0	0	1	1	2	4

この表から分散 $(S)^2$ を求めると、

$$\{(-3)^2 + (-2)^2 + (-2)^2 + (-1)^2 + 0^2 + 0^2 + 1^2 + 1^2 + 2^2 + 4^2\} \div 10 = \frac{40}{10} = 4$$

となります。

さらに分散 $(S)^2$ から標準偏差 (S) を求めると、分散の正の平方根は $\sqrt{4}$、よって2となります。したがって、10人の小テストの得点の**分散は4、標準偏差は2**となります。

相関関係と散布図

次の表は、1日の平均気温（℃）と、あるコーヒーショップの1日のアイスコーヒー、ホットコーヒー、ケーキの売上金額（万円）をそれぞれまとめたものです。

平均気温（℃）	5	7.5	12.5	17.5	20	25
アイスコーヒーの売上金額（万円）	0.5	1.5	2	2.5	4	5
ホットコーヒーの売上金額（万円）	4.5	3.5	2.5	2	1	0.5
ケーキの売上金額(万円)	2.5	4	0.5	3	4.5	1

このデータについて、平均気温を x 座標、アイスコーヒーの売上金額を y 座標にとり、平面上に表すと次の図のようになり、このような2つの数量からなるデータを平面上に表したものを**散布図**といいます。

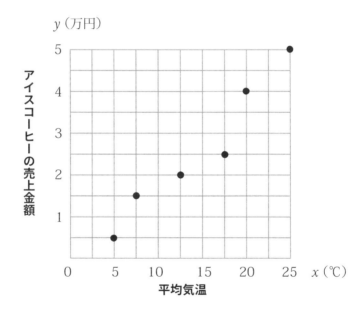

この散布図から、点全体が右上がりに分布していることがわかるので、平均気温が高い月ほどアイスコーヒーの売上金額も高い傾向があるといえます。

このように一方が増加すればもう一方も増加する傾向が見られるとき、2つの数量の間には**正の相関がある**といいます。

同様に平均気温を x 座標、ホットコーヒーの売上金額を y 座標にとり、散布図に表すと次の図のようになります。

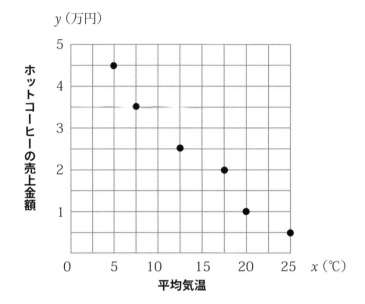

この散布図では、点全体が右下がりに分布していることがわかるので、平均気温が高い月ほどホットコーヒーの売上金額は低い傾向があるといえます。

このように一方が増加すればもう一方は減少する傾向が見られるとき、2つの数量の間には**負の相関がある**といいます。

さらに平均気温をx座標、ケーキの売上金額をy座標にとり、散布図に表すと次の図のようになります。

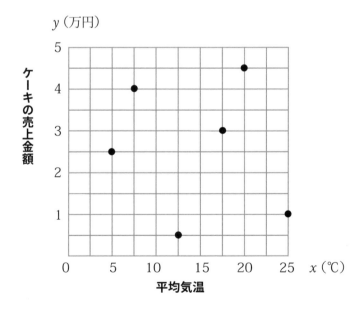

この散布図のように正の相関も負の相関も見られないとき、2つの数量の間には**相関がない**といいます。

例題106 相関関係と散布図

次の表は、6人の生徒の数学と英語のテストの得点をまとめたものです。散布図を作り、数学と英語のテストの得点にはどのような相関関係があるかを答えなさい。

生徒	数学	英語
A	50	60
B	70	70
C	20	20
D	80	90
E	40	50
F	50	40

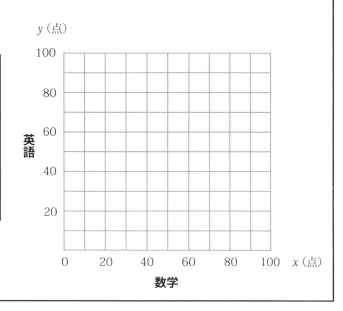

解答と解説

散布図は次のようになり、点全体が右上がりに分布していることがわかるので、6人の生徒の数学と英語のテストの得点には**正の相関がある**といえます。

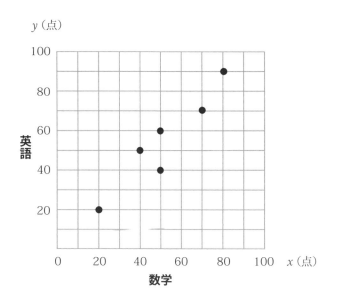

散布図と相関係数

相関関係の強さを数値で表したものを**相関係数**といい、r で表します。

相関係数 r は $-1 \leqq r \leqq 1$ であることが知られており、正の相関が強いほど 1 に近づき、負の相関が強いほど -1 に近づきます。相関がないときは 0 に近い値をとります。

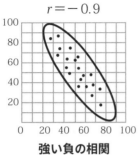
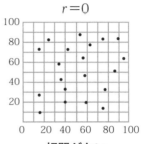

$r=-0.9$　強い負の相関　　$r=-0.6$　弱い負の相関　　$r=0$　相関がない

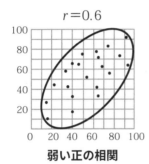
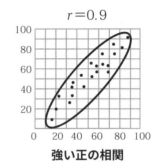

$r=0.6$　弱い正の相関　　$r=0.9$　強い正の相関

例題107 散布図と相関係数

次の図は、10人の生徒の通学時間と睡眠時間を散布図にまとめたものです。
相関係数の近似値として最も適当なものを選びなさい。

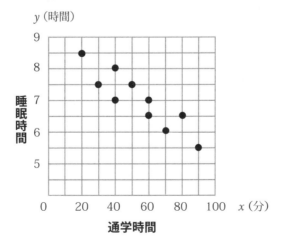

① $r=0.92$　　② $r=0.31$　　③ $r=-0.28$　　④ $r=-0.87$

解答と解説

散布図より負の相関が強いことが読み取れるので、相関係数は −1 に近い値をとります。よって、相関係数の近似値は ④ の $r = -0.87$ となります。

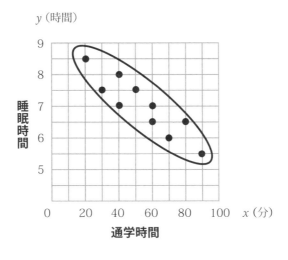

📖 散布図の読み取り

下の図は p. 217 の例題 106 の散布図です。散布図から読み取れることとして、次の内容が正しいかどうかを考えてみましょう。

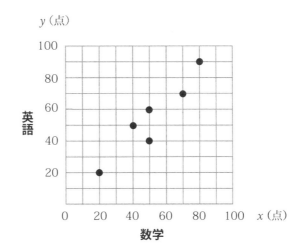

① 英語の得点が最も高い生徒は数学の得点も最も高い。

　　→英語の得点が最も高い生徒の数学の得点は80点で、これは6人の中で最も高いので正しいです。

② 数学の得点が60点以上の生徒はすべて英語の得点も60点以上である。

　　→数学の得点が60点以上の生徒は2人いて、これらの生徒の英語の得点はそれぞれ70点と90点であり、どちらも60点以上であるので正しいです。

③ 数学も英語も両方とも40点以下の生徒は1人いる。

　　→数学と英語がどちらも20点の生徒が1人いるので正しいです。

④ この散布図の相関係数は0よりも小さい。

　　→散布図は点全体が右上がりに分布して正の相関を示していることから、相関係数は0よりも大きく1に近い値をとるので、相関係数は0よりも小さいは誤りです。

例題108 **散布図の読み取り**

この散布図から読み取れることとして誤っているものを一つ選びなさい。

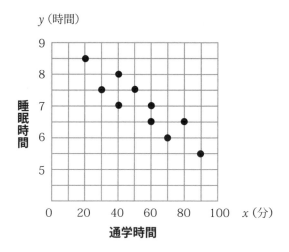

① 通学時間が最も短い生徒の睡眠時間は最も長い。
② 通学時間が70分以上の生徒の睡眠時間はすべて6時間以下である。
③ 睡眠時間が7時間以上の生徒は6人いる。
④ 通学時間が長い生徒の睡眠時間は短い傾向にある。

解答と解説

① 通学時間が最も短い生徒の睡眠時間は 8.5 時間で、10 人のなかで最も長いので正しいです。

② 通学時間が 70 分以上の生徒の睡眠時間を見ると、通学時間が 80 分の生徒の睡眠時間が 6.5 時間となっているので、誤りです。

③ 睡眠時間が 7 時間以上の生徒を数えると 6 人いるので正しいです。

④ この散布図は、点全体が右下がりに分布して負の相関を示していることから、通学時間が長い生徒ほど睡眠時間は短い傾向にあるといえるので正しいです。

したがって、誤っている選択肢は②となります。

Step｜基礎問題

各問の空欄に当てはまる用語・記号・式をそれぞれ適切に答えなさい。

問1　調査や実験などによって得られた結果を
　　　　□□□という。また、右図のような
　　　　グラフを□□□という。

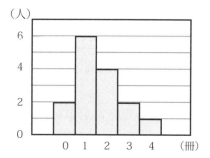

　　　　図より、一番人数が多い冊数は、
　　　　□□□冊であることがわかる。

問2　データのすべての値の合計をデータの個数で割った値を□□□、
　　　　データの値を小さい順に並べたとき中央にくる値を□□□、
　　　　データの中で最も個数の多い値を□□□という。

問3　データの最大値から最小値を引いた値をデータの分布の□□□という。

問4　データの値を小さい順に並べたとき、4等分する位置にある値を□□□といい、
　　　　小さいほうから順に、□□□, □□□, □□□という。

問5　第3四分位数から第1四分位数を引いた値を□□□という。

問6　次のデータは10回の小テストの得点を小さいほうから順に並べたものである。

$$3, 3, 4, 5, 5, 7, 7, 7, 9, 10$$

　　　　平均値は□□□, 中央値は□□□, 最頻値は□□□である。
　　　　また、第1四分位数は□□□, 第3四分位数は□□□, 範囲は□□□,
　　　　四分位範囲は□□□である。

🔍 解 答

問1：データ, ヒストグラム, 1　　問2：平均値, 中央値, 最頻値　　問3：範囲

問4：四分位数, 第1四分位数, 第2.四分位数, 第3四分位数　　問5：四分位範囲

問6：6, 6, 7, 4, 7, 7, 3

問 7　下図はデータの四分位数と最大値、最小値を用いて、データの散らばり度合いを表した図であり、箱ひげ図という。

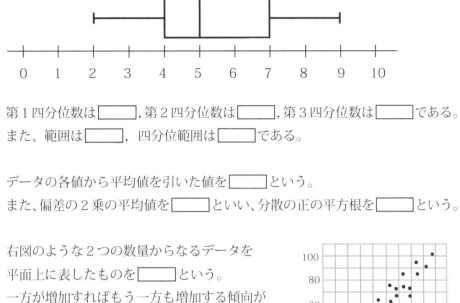

第 1 四分位数は ⬚ , 第 2 四分位数は ⬚ , 第 3 四分位数は ⬚ である。
また、範囲は ⬚ , 四分位範囲は ⬚ である。

問 8　データの各値から平均値を引いた値を ⬚ という。
また、偏差の 2 乗の平均値を ⬚ といい、分散の正の平方根を ⬚ という。

問 9　右図のような 2 つの数量からなるデータを平面上に表したものを ⬚ という。
一方が増加すればもう一方も増加する傾向が見られるとき、2 つの数量の間には ⬚ があるといい、一方が増加すればもう一方は減少する傾向が見られるとき、2 つの数量の間には ⬚ があるという。
どちらの傾向も見られないとき、2 つの数量の間には ⬚ という。

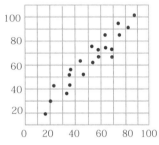

問 10　相関関係の強さを数値で表したもの相関係数といい、r で表す。
r は ⬚ $\leqq r \leqq$ ⬚ であることが知られており、正の相関が強いほど ⬚ に近づき、負の相関が強いほど ⬚ に近づく。相関がないときは ⬚ に近い値をとる。

 解 答

問 7：4, 5, 7, 7, 3　問 8：偏差, 分散, 標準偏差
問 9：散布図, 正の相関, 負の相関, 相関がない　問 10：－1, 1, 1, －1, 0

各問の設問文を読み、問題に答えなさい。

問1　右図は生徒20人の小テストの点数をヒストグラムにまとめたものである。
　　　　次の値を求めなさい。

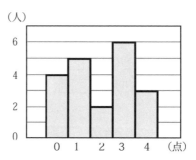

　　　(1) 最頻値

　　　(2) 中央値

　　　(3) 四分位範囲

問2　次のデータはAさんの11回の小テストの得点である。

$$3, 9, 4, 7, 5, 6, 5, 7, 8, 3, 9$$

このデータをまとめた箱ひげ図として正しいものを一つ選びなさい。

① 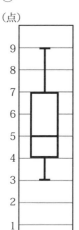　② 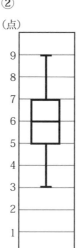　③ 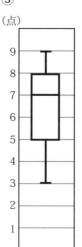　④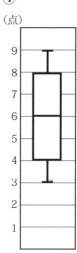

問3　次の表はBさんの10回のテストの得点をまとめたものである。

得点	2	4	4	5	5	6	6	9	9	10
偏差										
(偏差)²										

(1) 表の空欄をうめなさい。

(2) 分散を求めなさい。

(3) 標準偏差を求めなさい。

問4　次の図はCさんの英語と数学の10回のテストの得点をまとめたものである。
　　この散布図から読み取れることとして誤っているものを一つ選びなさい。

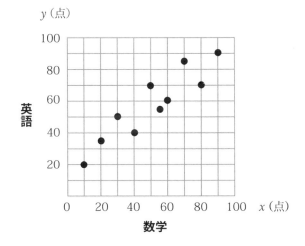

① 英語の得点が最も高い生徒は、数学の得点も最も高い。

② 英語と数学の得点には正の相関がある。

③ 数学と英語の得点がどちらも70点以上の生徒の人数は3人である。

④ 数学の得点が40点以下の生徒は英語の得点も40点以下である。

🔑 解答・解説

問1　(1) ヒストグラムより3点の人数が最も多いので、**最頻値は3点**です。

　　 (2) 生徒の人数は20人であるので、中央値は10番目と11番目の得点の平均値
　　　　 となります。ヒストグラムより、0点と1点の生徒の人数は合わせて9人
　　　　 であり、2点の生徒が2人いることから、10番目と11番目の生徒の得点は
　　　　 どちらも2点であることがわかります。したがって、**中央値は2点**です。

　　 (3) 四分位範囲は第3四分位数から第1四分位数を引いた値であるので、それ
　　　　 ぞれ四分位数を求めます。第1四分位数は小さいほうから5番目と6番目
　　　　 の得点の平均値であり、ヒストグラムより、どちらも1点であることがわ
　　　　 かるので、第1四分位数は1点となります。第3四分位数は大きいほうか
　　　　 ら5番目と6番目の得点の平均値であり、ヒストグラムより、どちらも3
　　　　 点であることがわかるので、第3四分位数は3点となります。したがって、
　　　　 3－1＝2より、**四分位範囲は2点**です。

問2　四分位数をそれぞれ求め、正しい箱ひげ図を選びます。

　　 ① データの値を小さい順に並べます。
　　　　 3, 3, 4, 5, 5, 6, 7, 7, 8, 9, 9

　　 ② 6番目のデータの値が中央値となるので、
　　　　 第2四分位数は6（点）となります。
　　　　 3, 3, 4, 5, 5, 6, 7, 7, 8, 9, 9

　　 ③ 中央値（第2四分位数）を境にデータを2等分し、
　　　　 3, 3, 4, 5, 5 を下位、7, 7, 8, 9, 9 を上位とします

　　 ④ 下位のデータの中央値は4であるので、第1四分位数は4（点）となります。
　　　　 上位のデータの中央値は8であるので、第3四分位数は8（点）となります。

　　 したがって、正しい箱ひげ図は④となります。

問3 (1) 偏差はデータの各値から平均値を引いた値であるので、まず平均値を求めると、

$(2+4+4+5+5+6+6+9+9+10)\div 10=\dfrac{60}{10}=6$（点）となります。

偏差はデータの各値から平均値を引いた値であるので、偏差と偏差の2乗の値を求めると次の表のようになります。

得点	2	4	4	5	5	6	6	9	9	10
偏差	-4	-2	-2	-1	-1	0	0	3	3	4
(偏差)^2	16	4	4	1	1	0	0	9	9	16

(2) 分散（偏差の2乗の平均値）を求めると、

$(16+4+4+1+1+0+0+9+9+16)\div 10=\dfrac{60}{10}=6$ となります。

(3) 標準偏差（分散の正の平方根）を求めると、$\sqrt{6}$ となります。

問4 ① 散布図より、英語の得点が最も高い生徒は、英語も数学もともに90点であり、どちらも10人のなかで最も高い得点であるので正しいです。

② 散布図より、点全体が右上がりに分布していることから、英語の得点が高い生徒は数学の得点も高い傾向にあることが読み取れるので正しいです。

③ 散布図より、数学の得点が70点以上の生徒は3人で、そのすべての生徒が英語も70点以上であることから正しいです。

④ 散布図より、数学の得点が30点の生徒の英語の得点は50点であるので誤りです。

したがって、誤っている選択肢は④となります。

高卒認定ワークブック　新課程対応版
数学

2023 年 12 月 26 日　初版　　第 1 刷発行

編　集：J-出版編集部
制　作：J-Web School
発　行：J-出版
　　　　〒 112-0002 東京都文京区小石川 2-3-4 第一川田ビル　TEL 03-5800-0552
　　　　J-出版.Net　http://www.j-publish.net/

ⓒ 2023 J-SHUPPAN
ISBN978-4-909326-84-3　C7300　Printed in Japan